等角不変量

——幾何学的関数論の話題——

L.V. アールフォルス 著／大沢健夫 訳

現代数学社

LARS VALERIAN AHLFORS

CONFORMAL INVARIANTS
TOPICS IN GEOMETRIC FUNCTION THEORY

序文

　本書は主に、複素関数論を一年ほど学んだ学生のためのものである。材料は
おおむね、筆者がハーバード大学で長年にわたって講義してきたものから採っ
た。ここでは、複素解析を学んだ者が個別の研究に入る前にわきまえておくべ
きと思われる古典的な事柄、あるいはそれに準ずる結果を強調した。話題の選
択は特定の方針によったわけではなく、幾何学的なアプローチへの筆者の嗜好
を反映したものである。しかしそれを絞り込んだ結果である最近の進展[1]を取
り入れようとはしていない。
　等角不変量というものはおよそ極値的な性質によって特徴づけられる。よっ
て等角不変量と極値問題は緊密な関係にあり、その関係性が本書の中心的な
テーマとなっている。
　これについての講義を出版しようというのは、材料の多くが今まで教材とし
て著されたことがなかったからである。これは特に極値的長さの理論に当ては
まる。この理論はアルン・ボイリング氏が創出したもので、本来は彼自身の筆
による独立した研究書の主題となるのが望ましかったものである。他にも専門
書でほとんど扱われてこなかった話題がある。それはシッファー氏の変分学的
方法で、筆者はこれをできる限り完璧に再現しようと努めた。この解説が読む
に耐えるものになっているよう切に望むところである。そこには筆者自身が
M.A. ラヴレンティエフ氏への献呈論文集（ロシア語）に収めるために書いた
$|a_4| \leq 4$ の新たな証明も挿入した。

---

[1] これについては例えばアールフォルス著（谷口雅彦 訳）『擬等角写像講義』（数学
クラシックス, **29**, 丸善出版, 2015 年, 168 ページ）を参照されたい。［これを含め、以
下の脚注はすべて訳者による。］

　最後の二つの章はリーマン面についてだが、これらは他の章といささか趣を異にしている。動機は一意化定理で、眼目は、レオ・サリオと筆者の共著の「リーマン面」よりも速やかに結論に到達する方法である。

　オクラホマ A.&M. 大学における筆者の初期の講義を R. オッサーマン氏と M. ゲルステンハーバー氏が記録し、極値的方法についてのハーバード大における講義を E. シュレジンガー氏が記録した。これらのノートは原稿の完成に大いに役立った。もう一人、F. ゲーリング氏にも謝意を表したい。氏の励ましがなければ本書の出版は実現しなかったであろう。本書は大津賀信氏の著書「ディレクレ問題, 極値的長さおよび素端」（ファンノストランド, 1970）と重複する部分があるが、そこは部分的にハーバード大と日本で行った筆者の講義に基づいている[2]。

L. V. アールフォルス

---

[2]（よって剽窃にはあたらない。）

⫼ 目 次 ⫼

第1章

シュワルツの補題の応用

1.1. 非ユークリッド計量

1 次分数変換

$$S(z) = \frac{az + b}{\bar{b}z + \bar{a}}, \qquad |a|^2 - |b|^2 = 1 \tag{1.1}$$

は、単位円板 $\Delta = \{z; |z| < 1\}$ を自身に等角に写像する。 (1.1) は

$$S(z) = e^{i\alpha} \frac{z - z_0}{1 - \overline{z_0}z} \tag{1.2}$$

とも書かれる。後者には $z_0 = S^{-1}(0)$ と $\alpha = \arg S'(0)$ が表示されるという利点がある。

$z_1, z_2 \in \Delta$ をとり、$w_1 = S(z_1), w_2 = S(z_2)$ とおくと、(1.1) より

$$w_1 - w_2 = \frac{z_1 - z_2}{(\bar{b}z_1 + \bar{a})(\bar{b}z_2 + \bar{a})}$$

$$1 - \overline{w_1}w_2 = \frac{1 - \overline{z_1}z_2}{(b\overline{z_1} + a)(\bar{b}z_2 + \bar{a})}$$

であるので

$$\left| \frac{z_1 - z_2}{1 - \overline{z_1}z_2} \right| = \left| \frac{w_1 - w_2}{1 - \overline{w_1}w_2} \right|. \tag{1.3}$$

この性質に鑑みて、関数

$$\delta(z_1, z_2) = \left| \frac{z_1 - z_2}{1 - \overline{z_1}z_2} \right| \tag{1.4}$$

を（一つの）**等角不変量**と呼ぶ。

(1.2) と (1.4) より $\delta(z_1, z_2) < 1$ だが、これは有用な等式

$$1 - \delta(z_1, z_2)^2 = \frac{(1 - |z_1|^2)(1 - |z_2|^2)}{|1 - \overline{z_1} z_2|^2}$$

からも見て取れる。

z_1 が z_2 に近づくと、(1.3) は

$$\frac{|dz|}{1 - |z|^2} = \frac{|dw|}{1 - |w|^2}$$

となる。この等式は、線素

$$ds = \frac{2|dz|}{1 - |z|^2} \tag{1.5}$$

で表されるリーマン計量が、円板の等角自己同型で不変であることを示している。（右辺の 2 の意味については後で述べる。）　求長可能な曲線 γ の長さをこれで測ると

$$\int_\gamma \frac{2|dz|}{1 - |z|^2}$$

となり、可測集合 E は等角不変な面積

$$\iint_E \frac{4dxdy}{(1 - |z|^2)^2}$$

を持つ。

　0 から他の点への最短経路は線分になる。したがって、測地線はすべて $|z| = 1$ に直交する円（と直線）である。これらは円板の**双曲的な**または**非ユークリッド的な**幾何構造に関する直線とみなすことができる。0 から $r > 0$ までの非ユークリッド距離は

$$\int_0^r \frac{2dr}{1 - r^2} = \log \frac{1 + r}{1 - r}$$

である。$\delta(0, r) = r$ なので、非ユークリッド距離 $d(z_1, z_2)$ と $\delta(z_1, z_2)$ の関係式 $\delta = \tanh(d/2)$ が得られる。

このような非ユークリッド幾何は半平面 $H = \{z = x + iy; y > 0\}$ 上にも存在する。H 上では (1.5) にあたる線素は

$$ds = \frac{|dz|}{y} \tag{1.6}$$

であり、これに関する直線は実軸に直交する円と直線である。

1.2. シュワルツ・ピックの定理

古典的な**シュワルツの補題**は次の主張である：f が（複素）解析的で、$|z| < 1$ のとき $|f(z)| < 1$ であり、かつ $f(0) = 0$ をみたすなら、$|f(z)| \le |z|$ かつ $|f'(0)| \le 1$ である。ここで等号（ある $z \ne 0$ に対して $|f(z)| = |z|$ となるか、または $|f'(0)| = 1$）は $f(z) = e^{i\alpha}z$ $(\alpha \in \mathbb{R})$ のときに限る。

証明は周知であろうから再掲しない。ピックにより指摘されたことだが、この結果は等角不変な形で表現できる。

定理 1.1. 単位円板から自身への解析的な写像は、2 点間の非ユークリッド距離、曲線の非ユークリッド的長さ、および集合の非ユークリッド的面積を減少させる。

この内容を不等式で表現すると

$$\frac{|f(z_1) - f(z_2)|}{|1 - \overline{f(z_1)}f(z_2)|} \le \frac{|z_1 - z_2|}{|1 - \overline{z_1}z_2|}$$

$$\frac{|f'(z)|}{1 - |f(z)|^2} \le \frac{1}{1 - |z|^2}$$

となる。非自明な等号の成立[3]は f が (1.1) の形の 1 次分数変換のときに限る。

ピックはこの観察のみにとどまらず、もっと知られてよい次の一般化を示している。

---

[3] $z_1 = z_2$ 以外で等式が成り立つ場合は

定理 1.2. $f : \Delta \to \Delta$ は解析的とし、$w_k = f(z_k),\;\; k = 1,\ldots,n$ とおく。このとき

$$Q_n(t) = \sum_{h,k=1}^{n} \frac{1 - w_h \overline{w_k}}{1 - z_h \overline{z_k}} t_h \overline{t_k}$$

は半正定値 2 次形式である。

　証明.　　まず f が閉円板上で解析的であると仮定してこれを示そう。このような f に対して $F = (1+f)/(1-f)$ とおき、F の実部と虚部をそれぞれ U, V とすれば

$$F(z) = \frac{1}{2\pi} \int_0^{2\pi} \frac{e^{i\theta} + z}{e^{i\theta} - z} U(e^{i\theta}) d\theta + iV(0)$$

となる。これより

$$F(z_h) + \overline{F(z_k)} = \frac{1}{\pi} \int_0^{2\pi} \frac{1 - z_h \overline{z_k}}{(e^{i\theta} - z_h)(e^{-i\theta} - \overline{z_k})} U d\theta$$

が得られ、従って

$$\sum_{h,k=1}^{n} \frac{F_h + \overline{F_k}}{1 - z_h \overline{z_k}} t_h \overline{t_k} = \frac{1}{\pi} \int_0^{2\pi} \left| \sum_1^n \frac{t_k}{e^{i\theta} - z_k} \right|^2 U d\theta \geq 0.$$

$F_h + \overline{F_k} = 2(1 - w_h \overline{w_k})/(1 - w_h)(1 - \overline{w_k})$ であるが、この式の分母の因子は $t_h, \overline{t_k}$ に繰り込めるので $Q_n(t) \geq 0$ となる。

　一般の f に対しては $f(rz)\;(0 < r < 1)$ についてこの結果を適用し、そのあとで極限をとればよい。

　Q_n の半正定値性は行列式

$$D_k = \begin{vmatrix} \frac{1-|w_1|^2}{1-|z_1|^2} & \cdots & \frac{1-w_1\overline{w_k}}{1-z_1\overline{z_k}} \\ \cdot & \cdot & \\ \frac{1-w_k\overline{w_1}}{1-z_k\overline{z_1}} & \cdots & \frac{1-|w_k|^2}{1-|z_k|^2} \end{vmatrix}$$

がすべて非負であることと同値だが、これはこの補間問題が解を持つための[4]十分条件にもなっていることが証明できる。いま、$w_1, \ldots, w_{n-1}$ が与えられ、$D_1, \ldots, D_{n-1} \geq 0$ であるとすれば、w_n についての条件は $|w_n|^2 + 2\mathrm{Re}(aw_n) + b \leq 0$ の形の式になるから、w_n はある閉円板内の点に限定される。この円板は $D_{n-1} = 0$ のときおよびそのときに限り縮退して 1 点になる。この条件が（f の存在のための）十分条件であることの証明はやや込み入っていてこの本の主題からそれるおそれがあるので、ここでは R. ネヴァンリンナの方法によって補間可能な w_n の集合が閉円板であることを示すにとどめ、それが $D_n \geq 0$ であることにまでは立ち入らない。

ネヴァンリンナの議論は帰納法による。$n = 1$ のときは示すべきことはほとんどない。実際、$|w_1| > 1$ のときは解はないし、$|w_1| = 1$ のときは定数 w_1 が一意的な解である。$|w_1| < 1$ のとき、f_1 が解なら

$$f_2(z) = \frac{f_1(z) - w_1}{1 - \overline{w_1} f_1(z)} : \frac{z - z_1}{1 - \overline{z_1} z} \tag{1.7}$$

は Δ 上で正則であり、$|f_2(z)| \leq 1$ であることはすでに示した。逆に、$|f_2(z)| \leq 1$ をみたす任意の解 f_2 に対し、(1.7) から補間問題 $f_1(z_1) = w_1$ の解が得られる。

$n = 2$ のとき、解があればそれは f_1 のうちのどれかであり、$f_2(z_2)$ が w_2 に応じた値 $w_2^{(2)}$ になるようにしてから f_1 を決めればよい。これをどのように繰り返していけばよいかは明白であろう。（より詳しくは）絶対値が 1 以下の関数列 f_k で $w_1, \ldots, w_k$ から算出される値 $w_k^{(k)}$ を z_k でとるものを構成しようとしているわけだが、$w_k^{(k)} > 1$ であれば手続きは停止する。もし $|w_k^{(k)}| = 1$ ならば f_k は一意的であり、従って $z_1, \ldots, z_k$ に対する補間問題の解もそうである。すべての k に対して $|w_k^{(k)}| < 1$ ならば、f_{n+1} が Δ 上で $|f_{n+1}(z)| \leq 1$ をみたす任意の解析関数をわたって動くとき漸化式

$$f_{k+1}(z) = \frac{f_k(z) - w^{(k)}}{1 - \overline{w_k^{(k)}}} : \frac{z - z_k}{1 - \overline{z_k} z} \qquad\qquad k = 1, \ldots, n$$

---

[4] つまり f が存在するための

によって解 f_1 が求まる。f_k と f_{k+1} の関係が 1 次分数変換であることから、解を表す式は

$$f_1(z) = \frac{A_n(z)f_{n+1}(z) + B_n(z)}{C_n(z)f_{n+1}(z) + D_n(z)}$$

という形になる。ここで A_n, B_n, C_n, D_n は補間問題のデータに応じた n 次以下の多項式である。このようにして、定点 z における f の可能な値はある閉円板上にわたることが判明した。

この解法は R. ネヴァンリンナ [42] による。無限個の z_k, w_k に対する同様の問題は、ダンジョワ [17], R. ネヴァンリンナ [43], そして最近ではカールソン [13] によって研究された。

1.3. 凸領域

平面内の集合は、その中の任意の 2 点を結んでできる線分を含むとき凸であるという。単位円板を凸領域上に 1 対 1 に写す解析関数を特徴づけたい。そのような関数を便宜上**凸単葉**と呼ぶことにしよう（ヘイマン [27]）。

定理 1.3. Δ 上の解析関数 f が凸単葉であるためには、すべての $z \in \Delta$ に対して

$$\mathrm{Re}\frac{zf''(z)}{f'(z)} \geq -1 \tag{1.8}$$

であることが必要十分である。またこのとき、より強い不等式

$$\left| \frac{zf''(z)}{f'(z)} - \frac{2|z|^2}{1-|z|^2} \right| \leq \frac{2|z|}{1-|z|^2} \tag{1.9}$$

も成立する。

証明．　まず、f は単葉凸なだけでなく閉円板上でも解析的であるとしよう。このとき単位円の像は接線を持ち、それは $\theta = \arg z$ が増加すると正方向に回転する。この条件は $\partial/\partial\theta \arg f \geq 0$ と書ける。一方、$\arg df = \arg f' + \arg z = \arg f' + \theta + \pi/2$ なので、条件は $\partial/\partial\theta(\arg f' + \theta) = \mathrm{Re}(zf''/f' + 1) \geq 0$ $(|z| = 1)$ となる。最大値の原理より、同じ不等式が $|z| < 1$ に対しても成立する。

　これを厳密な証明にすることもできようが、以下ではヘイマンの着想による証明を紹介したい。$f(0) = 0$ として示せばよい。このとき凸単葉性より、関数

$$g(z) = f^{-1} \left[\frac{f(\sqrt{z} + f(-\sqrt{z}))}{2} \right]$$

は Δ 上で定義され、絶対値が 1 未満の（$g(0) = 0$ をみたす）解析関数である。したがって $|g'(0)| \leq 1$ である。

　一方 $f(z) = a_1 z + a_2 z^2 + \cdots$ より $g(z) = (a_2/a_1)z + \cdots$ となり、従って $|a_2/a_1| \leq 1, |f''(0)/f'(0)| \leq 2.$ これは $z = 0$ における (1.9) である。

　この結果を $F(z) = f[(z+c)/(1+\bar{c}z)], \;\; |c| < 1$ に適用する。これは Δ を f と同じ領域に写像するが、簡単な計算により

$$\frac{F''(0)}{F'(0)} = \frac{f''(c)}{f'(c)}(1 - |c|^2) - 2\bar{c}$$

となるので、(1.9) およびその帰結である (1.8) を得る。

　逆の証明はこれほどエレガントではないが、$\Delta_r = \{z; |z| < r\} \;\; (r < 1)$ の像が凸であることを示せば十分なことは明白であろう。仮定 (1.8) は $\arg df$ が $|z| = r$ 上 θ とともに増加することを意味し、f' は零点を持たないので $\arg df$ の総変動は 2π である。したがって、ある θ_1 と θ_2 に対して $\arg df$ は $[\theta_1, \theta_2]$ 上で 0 から π まで増加し、$[\theta_2, \theta_1 + 2\pi]$ 上では π から 2π まで増加する。$f(re^{i\theta}) = u(\theta) + iv(\theta)$ とおけば、$v(\theta)$ は $[\theta_1, \theta_2]$ 上増加で $[\theta_1, \theta_2 + 2\pi]$ 上減少である。v_0 を v の最小値 $v(\theta_1)$ と最大値 $v_1(\theta_2)$ の間の任意の実数とすれば、$v(\theta)$ は各区間内で一回ずつ値 v_0 をとる。よって直線 $v = v_0$ と Δ_r の像の交わりは（連結性により）1 個の線分である。この論法はすべての方向の平行直線族に対しても通用するから、$f(\Delta)$ が凸であると結論付けることができる。

　条件 $|f''(0)/f'(0)| \leq 2$ には面白い幾何学的な言い換えがある。Δ 内の曲線 γ で 0 を通り f による像が一つの直線に含まれるものを考えよう。γ の曲率は $d(\arg dz)/|dz|$ で与えられるが、γ に沿っては $d(\arg df) = 0$ なので $d(\arg dz) = -d\arg f'$ となる。よって曲率は $\arg f'$ の方向微係数であるから、絶対値においては $|f''/f'|$ を超えない。よって γ の 0 における曲率は 2 を超えないことになる。

この結果は座標の取り方によらない形で「原点における曲率が2以下ならば曲率円は $|z| = 1$ と交わる」と表現できる。一方、曲率円は最大接触度を持つ円であり、等角自己同型は円との接触度を保つから曲率円は曲率円に写像される。よって上の結果は原点だけでなく任意の点においても成立する。

定理 1.4. γ を Δ 内の曲線で凸単葉写像で直線に写像されるものとすれば、γ の曲率円は $|z| = 1$ と交わる。

この美しい結果はカラテオドリーによる。

1.4.　角微係数

$|a| < 1$ および $R < 1$ に対し、$K(a, R)$ を

$$\left| \frac{z - a}{1 - \overline{a}z} \right| < R$$

をみたす z 全体の集合とする。明らかに、$K(a, R)$ は中心 a と半径 d ($R = \tanh(d/2)$) をもつ非ユークリッド的開円板である。

$K_n = K(z_n, R_n)$ を円板列で $z_n \to 1$ かつ

$$\frac{1 - |z_n|}{1 - R_n} \to k \neq 0, \infty \tag{1.10}$$

をみたすものとしたとき、K_n が

$$\frac{|1 - z|^2}{1 - |z|^2} < k \tag{1.11}$$

で定義される「ホロサイクル」K_∞ に収束することを示したい。ただしホロサイクルとは $z = 1$ において単位円に接する円板をいう。

収束 $K_n \to K_\infty$ は次の意味とする：

(1) 無限個の n に対して $z \in K_n$ であれば $z \in \overline{K_\infty}$ ($\overline{K_\infty}$ は K_∞ の閉包) である。

(2) $z \in K_\infty$ であれば十分大きな n に対して $z \in K_n$ である。

証明には条件 $z \in K_n$ が

$$\frac{|1 - \overline{z_n}z|^2}{1 - |z|^2} < \frac{1 - |z_n|^2}{1 - R_n^2} \tag{1.12}$$

と同値であることに注意する。これが無限個の n に対して成立すれば、(1.10) より (1.11) を得る。逆にもし (1.11) が成り立てば、

$$\lim_{n \to \infty} \frac{|1 - \overline{z_n}z|^2}{1 - |z|^2} < k$$

であることが

$$\lim_{n \to \infty} \frac{1 - |z_n|^2}{1 - R_n^2} = k$$

よりわかるので、(1.12) が十分大きい n に対して成立しなければならない。

これらをふまえた上で Δ 上で解析的な関数 f で $|f(z)| < 1$ をみたすものをとり、$z_n \to 1, f(z_n) \to 1$, かつ

$$\frac{1 - |f(z_n)|}{1 - |z_n|} \to \alpha \neq \infty \tag{1.13}$$

であるとする。

$k > 0$ に対して R_n を $(1 - |z_n|)/(1 - R_n) = k$ で定めると、$1 - |z_n| < k$ ならば $0 < R_n < 1$ である。上と同じ記号

$$K_n = K(z_n, R_n)$$

のもとで、シュワルツの補題により $f(K_n) \subset K_n' = K(w_n, R_n)$ $(w_n = f(z_n))$ となる。K_n は k に応じたホロサイクル K_∞（すなわち (1.11)）に収束し、$(1 - |w_n|)/(1 - R_n) \to \alpha k$ なので K_n' は αk に応じた K_∞' に収束する。$z \in K_\infty$ ならば z は無限個の K_n に属する。したがって $f(z)$ は無限個の K_n' に属すから $\overline{K_\infty'}$ に属する。よって f の連続性により、

$$\frac{|1 - z|^2}{1 - |z|^2} \le k \Rightarrow \frac{|1 - f(z)|^2}{1 - |f(z)|^2} \le \alpha k$$

となる。この結果は**ジュリアの補題**として知られている。

k は任意だったから、これは

$$\frac{|1-f(z)|^2}{1-|f(z)|^2} \le \alpha \frac{|1-z|^2}{1-|z|^2}$$

または

$$\beta = \sup \left[\frac{|1-f(z)|^2}{1-|f(z)|^2} : \frac{|1-z|^2}{1-|z|^2} \right] \le \alpha$$

とも書ける。特に α は 0 でなく、$\beta = \infty$ なら $\alpha = \infty$ である。

さてここで $\beta < \infty$ と仮定し、$z_n = x_n \in \mathbb{R}$ としよう。すると

$$|1-w_n|^2 < \beta \frac{1-x_n}{1+x_n}$$

だから、条件 $w_n \to 1$ は自動的にみたされる。また

$$\beta \ge \frac{|1-w_n|^2}{1-|w_n|^2} \frac{1+x_n}{1-x_n} \ge \frac{1+x_n}{1+|w_n|} \frac{|1-w_n|}{1-x_n} \ge \frac{1+x_n}{1+|w_n|} \frac{1-|w_n|}{1-x_n}$$

であるので、(1.13) より $\alpha \le \beta$ が従う。よって実軸に沿って z が 1 に近づくときの α に対しては $\alpha = \beta$ である。つまり

$$\lim_{x \to 1} \frac{1-|f(x)|}{1-x} = \lim_{x \to 1} \frac{|1-f(x)|}{1-x} = \beta \tag{1.14}$$

が成り立つ。$\beta \ne 0, \infty$ だから、これらの極限値の一致は $\arg[1-f(x)] \to 0$ を意味する。これを考慮に入れると (1.14) は

$$\lim_{x \to 1} \frac{1-f(x)}{1-x} = \beta \tag{1.15}$$

に改良できる。

(1.14) と (1.15) を $\beta \ne \infty$ のときに限って示したが、$\beta = \infty$ のときは (1.13) が有限の α に対しては成立しないわけだから (1.14) はこのときも真であり、$\beta = \infty$ のときには (1.14) から (1.15) が従うのである。

ここまでで、$[1-f(z)]/1-z$ はつねに動径極限（radial limit）を持つことが示された。z が条件 $|1-z| \le M(1-|z|)$ をみたしながら 1 に収束するときにも $[1-f(z)]/1-z$ は同じ極限に収束することを示し、上の結果を完成型に導こう。この条件の意味は、z が π 未満の一定の角内で 1 に収束するということなので、この極限のことを**角極限**という。

定理 1.5. f は解析的で Δ 上 $|f(z)| < 1$ であるとする。このとき、商

$$\frac{1 - f(z)}{1 - z}$$

はつねに $z \to 1$ のとき角極限を持つ。この極限は

$$\frac{|1 - f(z)|^2}{1 - |f(z)|^2} : \frac{|1 - z|^2}{1 - |z|^2}$$

の上限に等しく、従って $+\infty$ または正の実数である。これが有限であれば $f'(z)$ は同じ角極限を持つ。

証明. β が角極限であることを示そう。$\beta = \infty$ ならば何も新しい議論は要らない。実際このとき

$$\lim_{z \to 1} \frac{1 - |f(z)|}{1 - |z|} = \infty$$

であることは前と同様であり、$|1 - z| \le M(1 - |z|)$ ならばこれより

$$\lim_{z \to 1} \frac{1 - f(z)}{1 - z} = \infty.$$

$\beta < \infty$ の場合は $\beta = \infty$ の場合に帰着させることができる。β が上限であることから

$$\mathrm{Re}\frac{1 + z}{1 - z} \le \beta\mathrm{Re}\frac{1 + f(z)}{1 - f(z)}$$

となるので、

$$\beta\frac{1 + f}{1 - f} - \frac{1 + z}{1 - z} = \frac{1 + F}{1 - F} \tag{1.16}$$

と書ける。ただし $|F| < 1$ である。この式より F については $\beta = \infty$ となり、その結果、任意の角領域内で $(1 - z)/(1 - F) \to 0$ となる。よって (1.16) より $(1 - f(z))/(1 - z)$ は角極限 β を持つ。

(1.16) より、さらに

$$\beta f'(1 - f)^{-2} - (1 - z)^{-2} = F'(1 - F)^{-2}$$

を得る。シュワルツの補題により $|F'|/(1-|F|^2) \le 1/(1-|z|^2)$. この評価式と $|1-z| \le M(1-|z|)$ を合わせると

$$\left| \beta f'(z) \left[\frac{1-z}{1-f(z)} \right]^2 - 1 \right| \le 2M^2 \frac{1-|z|}{1-|F|} \to 0$$

が得られ、これより $f'(z) \to \beta$ が従う。

　$\beta \ne \infty$ のとき β を 1 における f の**角微係数**という。このとき極限値 $f(1) = 1$ は角極限として存在し、β は $f'(z)$ の極限値であるとともに差分商 $[f(z) - f(1)]/(z-1)$ の極限でもある。f により（$z=1$ においても）定義される写像は、角領域内に限れば $z=1$ で等角である。

　上の定理は $f_1(z) = e^{-i\theta} f(e^{-\gamma} z)$（$\gamma, \delta \in \mathbb{R}$）に対して適用できるが、半径に沿って $z \to e^{i\gamma}$ のとき $f(z) \to e^{i\theta}$ でないと興味の対象外である。この条件が成り立つときは差分商 $[f(z) - e^{i\delta}]/(z - e^{i\gamma})$ は有限値に収束し、極限値が 0 でなければ写像は $e^{i\gamma}$ で等角である。

　半平面を用いる方が便利なことも多い。例えば $f = u + iv$ が右半平面を自身に写すとき、

$$\lim_{z \to \infty} \frac{f(z)}{z} = \lim_{z \to \infty} \frac{u(z)}{x} = c = \inf \frac{u(x)}{x} \tag{1.17}$$

の形で結論が書ける。ただし極限は $|\arg z| \le \pi/2 - \epsilon$, $\epsilon > 0$ でとるものとする。実際、定理を $f_1 = (f-1)/(f+1)$ に対して、$z_1 = (z-1)/(z+1)$ の関数として適用すれば $\beta = \sup x/u = 1/c$ となり、従って

$$\lim_{z_1 \to 1} \frac{1-z_1}{1-f_1} = \lim_{z \to \infty} \frac{1+f}{1+z} = c$$

を得る。これから容易に (1.17) が得られる。c は有限であり、かつ ≥ 0 であることに注意しよう。

　定理 1.5 のここでの証明はカラテオドリー [10] によるものである。これを採った理由は、これにより定理 1.5 がシュワルツの補題の極限型であることが見て取れるからである。他の証明としては、正の実部を持つ解析関数のヘルグロッツ表現を踏まえたものがあり、簡明さではこちらが上かもしれない。定理

1.2 の証明で使ったポアソン・シュワルツ表現を再掲すれば、U が正なら

$$F(z) = \int_0^{2\pi} \frac{e^{i\theta} + z}{e^{i\theta} - z} d\mu(\theta) + iC$$

となる。ただし μ は単位円周上の有限正値測度である。この式は（ヘルグロッツが観察したように）正の実部を持つ任意の解析関数に対して正しい。

この公式を、Δ 上で $|f(z)| < 1$ をみたす f に対し $F = (1 + f)/(1 - f)$ とおいて適用しよう。$c = \mu(\{1\})$ (≥ 0) とおき（点 1 における μ の特異部の値）、測度 μ の残りの部分を μ_0 で表すと

$$\frac{1 + f}{1 - f} = c\frac{1 + z}{1 - z} + \int_0^{2\pi} \frac{e^{i\theta} + z}{e^{i\theta} - z} d\mu_0(\theta) + iC \tag{1.18}$$

という式が書き下せる。両辺の実部をとると

$$\frac{1 - |f|^2}{|1 - f|^2} = c\frac{1 - |z|^2}{|1 - z|^2} + \int_0^{2\pi} \frac{1 - |z|^2}{|e^{i\theta} - z|^2} d\mu_0(\theta) \tag{1.19}$$

となるが、これを見れば

$$\frac{1 - |f|^2}{|1 - f|^2} \geq c\frac{1 - |z|^2}{|1 - z|^2}$$

はすでに明瞭である。

(1.19) を書き換えて

$$\frac{1 - |f|^2}{|1 - f|^2} : \frac{1 - |z|^2}{|1 - z|^2} = c + I(z),$$

$$I(z) = \int_0^{2\pi} \frac{|1 - z|^2}{|e^{i\theta} - z|^2} d\mu_0(\theta)$$

とおく。このとき $z \to 1$ なら $I(z) \to 0$ と角収束する。これを確かめため、任意の正数 ϵ に対して δ を十分小さくとって、区間 $(-\delta, \delta)$ の μ_0 に関する測度が ϵ 未満になるようにしておく。$I(z)$ を

$$I = I_0 + I_1 = \int_{-\delta}^{\delta} + \int_{\delta}^{2\pi - \delta}$$

と二つの部分に分ける。もし $|1-z| \le M(1-|z|)$ ならば $|I_0| \le M^2\epsilon$ は即座に出る。一方 $I_1 \to 0$ は明白だから、角収束 $I(z) \to 0$ が従う。先の記号で書けばこれで $c = \frac{1}{\beta}$ が示せた。

　同様の議論を (1.18) にあてはめると角収束 $(1-z)(1+f)(1-f)^{-1} \to 2c$ が言え、結局 $(1-z)/(1-f) \to c$ となる。これで定理 1.5 の別証が終わった。

　一つの応用として**レウナーの補題**と呼ばれる定理を示そう。以前のように f は Δ を自身に写す解析写像とするが、新たな仮定として、$|z|=1$ 上のある開円弧に z が集積するとき $|f(z)| \to 1$ であるとしよう。このとき鏡像原理により $f(z)$ は γ を越えて解析接続され、γ 上では $f'(\zeta) \ne 0$ である。実際、もし $f'(\zeta) = 0$ なら f の値はそこで重複度が 1 を超えるが、これは $|f(\zeta)| = 1$ であって $|z| < 1$ のとき $|f(z)| < 1$ であることに反する。$\arg f(\zeta)$ が $\arg \zeta$ の増加関数であることも同様に真であるから、f は局所的に 1 対 1 に γ を円弧 γ' へと写像する。

定理 1.6. 上の状況で $f(0) = 0$ であれば、γ' の長さは γ の長さ以上である。

　証明.　定理 1.5 を $F(z) = f(\zeta z)/f(\zeta)$ $(\zeta \in \gamma)$ に適用する。$z=1$ における角微係数は
$$\lim_{r \to 1} \frac{1-F(r)}{1-r} = F'(1) = \frac{\zeta f'(\zeta)}{f(\zeta)} = |f'(\zeta)|$$
となる。$(\arg f'(z) = \arg [f(\zeta)/\zeta]$ に注意。)　一方、シュワルツの補題により $|1 - F(r)| \ge 1 - |F(r)| \ge 1 - r$ なので $|f'(\zeta)| \ge 1$ となり、定理が従う。

1.5.　外双曲的計量

　ごく一般的な話になるが、リーマン計量が基本形式
$$ds^2 = \rho^2(dx^2 + dy^2) \tag{1.20}$$
または $ds = \rho|dz|$ $(\rho > 0)$ で与えられるときには、これはユークリッド計量と等角同値である。このとき
$$K(\rho) = -\rho^{-2}\Delta \log \rho$$

は、計量 (1.20) の**曲率**（または**ガウス曲率**）と呼ばれる量である。計量 (1.5),(1.6) の曲率は定数 -1 であることを確かめられたい。[(1.5) における因子 2 はこれに配慮してつけたものである。]

　本書では主に複素関数を扱うので曲率の幾何学的な定義は不要であり、この言葉を使うのは単なる便宜上の理由からだが、それでも $K(\rho)$ の等角不変性は本質的である。

　等角写像 $w = f(z)$ があったとき、$\tilde{\rho}(w)$ を $\rho|dz| = \tilde{\rho}|dw|$ で（より具体的には $\rho(z) = \tilde{\rho}[f(z)]|f'(z)|$ で）定義する。$\log|f'(z)|$ は調和関数だから、$\Delta \log \rho(z) = \Delta \log \tilde{\rho}(w)$（ラプラシアンは z に関して）である。ラプラシアンの変数変換則により $\Delta_z \log \tilde{\rho} = |f'(z)|^2 \Delta_w \log \tilde{\rho}$ なので、$K(\rho) = K(\tilde{\rho})$ を得る。

　以後 Δ 上の双曲計量を $\lambda|dz|$ で表す。すなわち

$$\lambda(z) = \frac{2}{1 - |z|^2}$$

とおく。この計量を他の計量 $\rho|dz|$ と比較してみよう。

補題 1.1. Δ 上で $K(\rho) \leq -1$ ならば $\lambda(z) \geq \rho(z) \ (z \in \Delta)$.

　証明．　まず ρ が閉円板上へ正かつ連続に拡張できる場合を考える。$\Delta \log \lambda = \lambda^2, \Delta \log \rho \geq \rho^2$ より $\Delta(\log \lambda - \log \rho) \leq \lambda^2 - \rho^2$ を得る。関数 $\log \lambda - \log \rho$ は $|z| \to 1$ のとき $+\infty$ に発散するから単位円板内で最小値を取る。そこでは $\Delta(\log \lambda - \log \rho) \geq 0$ であり従って $\lambda^2 \geq \rho^2$ であるので、どこでも $\lambda \geq \rho$ が成り立つ。

　一般の場合、$\rho(z)$ を $\rho(rz) \ (0 < r < 1)$ で置き換える。この計量は同じ曲率を持ち上の境界条件をみたすので $\lambda(z) \geq r\rho(rz)$ であり、連続性より $\lambda(z) \geq \rho(z)$ となる。

　曲率が定義できるためには $\Delta\rho$ が存在しなければいけないので、ρ は真に正であり、かつ C^2 級である必要があるが、これらの制約は本質的ではなく応用上不都合である。劣調和関数の定義をまねることによりそれらを取り払うことが可能になる。

定義 1.1.　計量 $\rho|dz|$ $(\rho \geq 0)$ は以下の性質を有するとき領域 Ω 上で**外双曲的**（*ultrahyperbolic*）であるという。

(i) ρ は上半連続である。

(ii) $\rho(z_0) > 0$ をみたす点 $z_0 \in \Omega$ においては z_0 の近傍 V 上で C^2 級の「**支持計量**」ρ_0 があって、V 上で $\Delta \log \rho_0 \geq \rho_0^2, \rho \geq \rho_0$ をみたし、かつ $\rho(z_0) = \rho_0(z_0)$ となる。

　$\log \lambda - \log \rho$ は下半連続なので、最小値の存在はこれについても保証されている。この最小値は $\log \lambda - \log \rho_0$ の極小値でもあるので、あとの議論を上と同様に行なえば外双曲的な ρ に対しても $\lambda \geq \rho$ が導ける。

　これによってシュワルツの補題のより強い一般化が示せる。

定理 1.7.　f を Δ から外双曲的計量 ρ を持つ領域 Ω への解析的写像とすると、$\rho[f(z)]|f'(z)| \leq 2(1 - |z|^2)^{-1}$ である。

　証明は $\rho[f(z)]|f'(z)|$ が Δ 上で外双曲的であるという自明な観察を行うだけである。$f'(z)$ の零点がこの計量の特異点になっていることにも注意されたい。

注意.　Ω をリーマン面に置き換えても外双曲的計量は意味を持つ。本書では最後の2章でのみリーマン面を系統的に扱うが、ときおり必要に応じて積極的にリーマン面に言及する。この理由で、次節では Ω が実際にはリーマン面であるような応用を扱うが、上の議論をリーマン面にあてはめることは容易である。

1.6.　ブロッホの定理

　$w = f(z)$ は Δ 上解析的で、正規化条件 $|f'(0)| = 1$ をみたすとする。f は Δ から w 平面上の分岐被覆であるリーマン面 W_f への1対1写像とみなすこともできる。W_f 内の**不分岐円板**とは直観的には明白な概念であるが、正確に定義するならある開集合 $D \subset \Delta$ の f による像であるような開円板 Δ' で、f の D への制限が1対1であるようなものをいう。そのような Δ' の半径の上限を B_f と書こう。ブロッホは B_f が任意に小ではありえないことを示した。

すなわち、f の正規化条件の下での B_f の下限はある正数 B（**ブロッホ定数**）である。ブロッホ定数の値は知られていないのだが、ここでは定理 1.8 を証明しよう。

定理 1.8. $B \geq \sqrt{3}/4$.

証明. やや便宜的な表現ながら、$w = f(z)$ を W_f の点であると同時に複素数ともみなす。w を中心とし W_f に含まれる不分岐円板の最大半径を $R(w)$ で表す（分岐点では $R(w) = 0$）。W_f 上の計量 $\tilde{\rho}|dw|$ を

$$\tilde{\rho}(w) = \frac{A}{R(w)^{\frac{1}{2}}[A^2 - R(w)]}$$

で定める。ただし A は定数で $B_f^{\frac{1}{2}}$ より大とする。これにより Δ 上の計量 $\rho(z) = \tilde{\rho}[f(z)]|f'(z)|$ が定まる。A を適当に選べば $\rho(z)$ が外双曲的になることを示したい。

値 $w_0 = f(z_0)$ の重複度が $n > 1$ であるとしよう。w_0 に十分近い w に対し（または $z = 0$ に近い z に対して）$R(w) = |w - w_0|$ であり、これは $|z - z_0|^n$ と同じ位数である。よって $\rho(z)$ は $|z - z_0|^{\frac{n}{2}-1}$ と同じ位数なので、$n > 2$ ならば ρ は連続で $\rho(z_0) = 0$ となる。ρ が 0 になる点では支持計量を探す必要がないことを確認しておこう。

$n = 2$ のとき、z_0 の近傍で

$$\rho = \frac{A|f'(z)|}{|f(z) - f(z_0)|^{\frac{1}{2}}[A^2 - |f(z) - f(z_0)|]}$$

である。この計量は見た通り z_0 で可微分であるが、$\Delta \log \rho = \rho^2$ をみたすことは直接の計算によるかまたは $\rho|dz| = 2|dt|/(1 - |t|^2)$ $(t = A^{-1}[f(z) - f(z_0)]^{\frac{1}{2}})$ という事実によってわかる。

あとは、$f'(z_0) \neq 0$ なる点 $w_0 = f(z_0)$ において支持計量をみつけることが残っている。円板 $\{w; |w - w_0| < R(w_0)\}$ を $\Delta'(w_0)$ で表し、$D(z_0)$ でその逆像の連結成分で z_0 を含むものを表そう。$D(z_0)$ の境界は $f'(a) = 0$ をみたす点 $a \in \Delta$ を含むか、または単位円周上の点を含む。さもなくば $\Delta'(w_0)$ の最大性に反するからである。最初の場合、$\Delta'(w_0)$ の境界は分岐点 $b = f(a)$

を含む。後の場合には $f(a)$ は定義されないが、定理は f が閉円板まで連続的に拡張されているとして示せば十分なので最初からそう仮定しておくと、点 $b = f(a)$ は $\Delta'(w_0)$ の境界上にあり、よってリーマン面 W_f の境界点ともみなせる。

　$D(z_0)$ の点 z_1 をとり、$w_1 = f(z_1) \in \Delta'(w_0)$ とおく。幾何学的には $R(w_1) \leq |w_1 - b|$ は明白であるが、より厳密には $\Delta'(w_1)$ と $D(z_0)$ について次のように議論する。c を w_1 を始点として b を端点とする線分とする。もしb が $\Delta'(w_1)$ 内にあったとすると、c は端点以外は $\Delta'(w_0) \cap \Delta'(w_1)$ に含まれる。この集合上で f の逆関数を考えると、その値域が $D(z_0)$ に属するものと $D(z_1)$ に属するものは一致し、従って連続性により $a \in D(z_1)$ である。これが不可能であることは明確である。よって b は $\Delta'(w_1)$ に属さないので $R(w_1) \leq |w_1 - b|$ である。

　さて $\rho(z)$ を

$$\rho_0(z) = \frac{A|f'(z)|}{|f(z) - b|^{\frac{1}{2}}[A^2 - |f(z) - b|]}$$

と、z が z_0 に近いところで比較しよう。この計量は定曲率 -1 を持ち、

$$\rho_0(z_0) = \rho(z_0)$$

である。z_0 に近い z に対して $\rho(z) \geq \rho_0(z)$ となるには、関数 $t^{\frac{1}{2}}(A^2 - t)$ が $0 \leq t \leq R(w_0)$ の範囲で増加関数であればよいが、この微係数は $t = A^2/3$ で符号を変えることから、結局 $A^2 > 3B_f$ をみたすように A を選べばよい。

　（ρ の外双曲性が示せたので）あとは補題 1.1 を $z = 0$ として適用すればよく、その結果 $A \leq 2R[f(0)]^{\frac{1}{2}}\{A^2 - R[f(0)]\} \leq 2B_f^{\frac{1}{2}}(A^2 - B_f)$ が得られる。求める不等式 $B_f \geq \sqrt{3}/4 > 0.433$ はこれから、A を $(3B_f)^{\frac{1}{2}}$ に近づけることによって従う。

　B の正確な値は 0.472 あたりであろうと予測される。この値は、正三角形網のすべての頂点において位数が2の分岐点を持つリーマン面に Δ を写像する関数のものである。

1.7.　領域上のポアンカレ計量

円板 $|z| < R$ 上の双曲計量は

$$\lambda_R(z) = \frac{2R}{R^2 - |z|^2} \tag{1.21}$$

で与えられる。

ρ が $|z| < R$ で外双曲的ならば $\rho \leq \lambda_R$ でなければならない。とくに、もし ρ が全平面上で外双曲的なら $\rho = 0$ とならざるを得ないので、全平面上で外双曲的な（通常の意味の）計量は存在しない。このことは穴あき平面 $\{z; z \neq 0\}$ にも当てはまる。実際、もし $\rho(z)$ が穴あき平面上で外双曲的であれば $\rho(e^z)|e^z|$ は全平面上で外双曲的だからである。外双曲計量が存在しないのはこの二つの場合だけである。

定理 1.9. 平面領域 Ω の補集合が 2 点以上を含めば Ω は唯一の最大外双曲計量を持ち、この計量は定曲率 -1 を持つ。

この最大計量を Ω の**ポアンカレ計量**と言い λ_Ω で表す。最大の意味はすべての外双曲的計量 ρ が Ω 上で $\rho \leq \lambda_\Omega$ をみたすということで、したがってその一意性は自明である。

存在性の証明は初等的ではないので第 10 章にまわすことにしよう。とはいえ、以下に述べる応用は実質的にはポアンカレ計量の存在には依存しないということに注意されたい。当面のところ、この言葉を使う目的は物を言いやすくすることである。

定理 1.10. $\Omega \subset \Omega'$ ならば $\lambda_{\Omega'} \leq \lambda_\Omega$.

$\lambda_{\Omega'}$ の Ω への制限が外双曲的であることから、これは明白である。

定理 1.11. $\delta(z)$ を $z \in \Omega$ から Ω の境界までの距離とすれば、$\lambda_\Omega \leq 2/\delta(z)$.

Ω は中心が z で半径が $\delta(z)$ の円板を含むので、求める評価式は定理 1.10 と (1.21) より従う。Ω が円板で z がその中心のときには等号が成立するので、不等式は最良である。

下からの評価はもっと難しい問題である。

1.8.　初等的方法による下からの評価

$\Omega_{a,b}$ で2点集合 $\{a, b\}$ の補集合を表し、そのポアンカレ計量を $\lambda_{a,b}$ で表す。もし a, b が Ω の補集合に属せば $\Omega \subset \Omega_{a,b}$ だから、$\lambda_\Omega \geq \lambda_{a,b}$ である。したがって $\lambda_{a,b}$ 以下の計量は λ_Ω 以下でもある。

$$\lambda_{a,b}(z) = |b - a|^{-1} \lambda_{0,1} \left(\frac{z - a}{b - a} \right)$$

であるので $\lambda_{0,1}$ を評価すれば十分である。$\lambda_{0,1}$ については解析的な表示が知られているがあまり有用ではない。ここでは初等的な方法によって下からのよい評価を求めてみたい。

領域 $\Omega_{0,1}$ は $1 - z$ および $1/z$ によって自分自身に写像される。したがって $\lambda_{0,1}(z) = \lambda_{0,1}(1 - z) = |z|^{-2} \lambda_{0,1}(1/z)$ であるので、$\lambda_{0,1}$ を調べるには図 1.1 で示された領域 $\Omega_1, \Omega_2, \Omega_3$ のどれかの上で考えればよい。

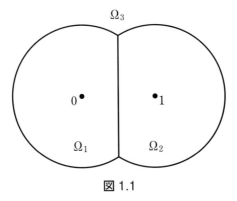

図 1.1

まず定理 1.11 の上界を改良しよう。$\Omega_{0,1}$ は穴あき円板 $0 < |z| < 1$ を含む。穴あき円板のポアンカレ計量は、普遍被覆面（無限葉の円板）を半平面 $\mathrm{Re}\, w < 0$ へと、$w = \log z$ で写像することで求まる。この計量は $|dw|/|\mathrm{Re}\, w| =$

$|dz|/|z| \log (1/|z|)$ であるから、$|z| < 1$ のとき

$$\lambda_{0,1}(z) \leq \left(|z| \log \frac{1}{|z|} \right)^{-1} \tag{1.22}$$

を得る。これにより発散の度合いが予測できる。

関数 $\zeta(z)$ は、区間 $[1, +\infty]$ の補集合を円板に等角に写像し、原点を原点に対応させ、実軸に関する対称性を保存するものとする。

定理 1.12. $|z| \leq 1$ かつ $|z| \leq |z-1|$、すなわち $z \in \Omega_1$ のとき

$$\lambda_{0,1}(z) \geq \left| \frac{\zeta'(z)}{\zeta(z)} \right| [4 - \log |\zeta(z)|]^{-1}. \tag{1.23}$$

$z \to 0$ のとき、(1.22) と (1.23) より

$$\log \lambda_{0,1} = -\log |z| - \log \log \frac{1}{|z|} + O(1) \tag{1.24}$$

証明.   直ちにわかることだが、計量

$$\rho(z) = \left| \frac{\zeta'(z)}{\zeta(z)} \right| [4 - \log |\zeta(z)|]^{-1} \tag{1.25}$$

は曲率 -1 を持つ。実際、これは穴あき円板 $0 < |\zeta| < e^4$ のポアンカレ計量から来ているからである。等式 (1.25) を Ω_1 上のみで使用し、ρ を Ω_2 と Ω_3 上へと対称性 $\rho(1-z) = \rho(z)$ および $\rho(1/z) = |z|^2 \rho(z)$ により拡張すれば、この計量は明らかに連続である。その外双曲性をいうためには、ρ が $\Omega_1, \Omega_2, \Omega_3$ を分離する線上で支持計量を持つことを示す必要がある。

対称性より、Ω_1 と Ω_2 が接する線分上でこれを示せば十分である。Ω_1 と Ω_2 の一部で (1.25) により与えられる元の ρ について $\partial\rho/\partial x < 0$ が言えれば、これがこの線分上で支持計量であることは明白である。（以下でこれを確かめよう。）

写像関数 $\zeta(z)$ を与える式は

$$\zeta(z) = \frac{\sqrt{1-z} - 1}{\sqrt{1-z} + 1} \qquad (\mathrm{Re}\sqrt{1-z} > 0)$$

である。そこで、等式

$$\frac{\partial \log \rho}{\partial x} = \mathrm{Re}\left(\frac{d}{dz}\log\frac{\zeta'}{\zeta}\right) + \mathrm{Re}\frac{\zeta'}{\zeta}(4 - \log|\zeta|)^{-1}$$

に

$$\frac{\zeta'}{\zeta} = \frac{1}{z\sqrt{1-z}}$$

および

$$\frac{d}{dz}\log\frac{\zeta'}{\zeta} = \frac{3z-2}{2z(1-z)}$$

を代入する。

この線分上では $1 - z = \bar{z}$ であるから

$$\frac{\partial \log \rho}{\partial x} = -\frac{1}{4|z|^2} + \frac{\mathrm{Re}\sqrt{z}}{|z|^2}(4 - \log|\zeta|)^{-1}$$

となり、$|\zeta| < 1$ かつ $\mathrm{Re}\sqrt{z} < 1$ なのでこの値は負である。

これで (1.23) の成立が結論づけられる。ここから (1.24) への移行は自明である。

1.9. ピカールの定理

定理 1.7 と定理 1.12 を用いて、**ピカール・ショットキの定理**と呼ばれる古典的な定理を証明しよう。要点は証明が初等的であることと、この方法で具体的な評価式が得られることである。

定理 1.13. $f(z)$ は $|z| < 1$ 上解析的であり、0 と 1 をとらないとする。このとき

$$\log|f(z)| \le [7 + \log^+|f(0)|]\frac{1+|z|}{1-|z|}. \tag{1.26}$$

注意. 通常通り、$\log^+|f(0)|$ は $\log|f(0)|$ と 0 の大きい方とする。不等式の右辺において、定数は最良ではないが関数の増大度は適正である。

証明. $1/f$ は f と同じ条件をみたすので $\log|f|$ の上下の評価は同等であるが、定理 1.12 の定式化と同様、下からの評価を問題にする方がやや都合がよい。

仮定により、f は Δ を $\Omega_{0,1}$ 内に写像する。したがって定理 1.7 より

$$\lambda_{0,1}[f(z)]|f'(z)| \le \frac{2}{1-|z|^2}.$$

これを積分して

$$\int_{f(0)}^{f(z)} \lambda_{0,1}(w)|dw| \le \log\frac{1+|z|}{1-|z|} \tag{1.27}$$

を得る。ただし積分は 0 と z を結ぶ線分の像に沿うものとする。前節の記号 Ω_1 を用い、最初にこの積分路が Ω_1 に含まれる場合に論じよう。このときは評価式 (1.23) を使って

$$\int_{f(0)}^{f(z)} (4-\log|\zeta(w)|)^{-1}|d\log\zeta(w)| \le \log\frac{1+|z|}{1-|z|} \tag{1.28}$$

が得られる。$|d\log\zeta| \ge -d\log|\zeta|$ であることに注意すると、これより

$$\frac{4-\log|\zeta(f(z))|}{4-\log|\zeta(f(0))|} \le \frac{1+|z|}{1-|z|} \tag{1.29}$$

が得られ、$|\zeta(w)|$ の表示式

$$|\zeta(w)| = \frac{|w|}{|1+\sqrt{1-w}|^2}$$

より $(1+\sqrt{2})^{-2}|w| \le |\zeta(w)| \le |w|$ を得る。（この下からの評価ははなはだ雑であるが。） これらの評価式を用いれば $\log(1+\sqrt{2}) < 1$ であるので (1.29) より

$$-\log|f(z)| < [6-\log|f(0)|]\frac{1+|z|}{1-|z|} \tag{1.30}$$

が得られる。

ここで (1.27) における積分路が Ω_1 に含まれるという仮定を外そう。このとき、もし $f(z) \in \Omega_1$ ならば、(1.28) における積分を、積分路が Ω_1 の境界と交

わる最後の点 w_0 から始めたものに置き換えても不等式は成立する。$|w_0| \geq \frac{1}{2}$ なのでこれから (1.30) の代わりに

$$-\log|f(z)| < (6 + \log 2)\frac{1+|z|}{1-|z|} \tag{1.31}$$

が得られる。この式が $f(z) \in \Omega_1$ のときにも正しいことは明白である。不等式 (1.30) および (1.31) を合わせると

$$-\log|f(z)| < \left[6 + \log 2 + \log^+ \frac{1}{|f(0)|}\right]\frac{1+|z|}{1-|z|}$$

が得られ、(1.26) は f を $1/f$ で置き換えて得られる式よりも弱い。(従って) 定理は証明された。

系 1.1. ピカールの小定理　f が全平面で有理型であり 3 つの値を取らなければ、f は定数である。

　証明. f が a, b, c を除外すれば $F = [(c-b)/(c-a)][(f-a)/(f-b)]$ は正則であり 0 と 1 をとらない。よって定理 1.13 を $F(Rz)$ $(R > 0)$ に対して適用すれば、$|F(Re^{i\theta}/2)|$ は R と θ に無関係な有界区間に属することがわかる。よって $|F(z)|$ は有界になり、従ってリュービルの定理により F は定数でなければならない。

定理 1.14. ピカールの大定理　f が穴あき円板 $0 < |z| < \delta$ 上で有理型で 3 つの値を取らなければ、f は円板全体への有理型な拡張を持つ。

　証明. $\delta = 1$ で f は $0, 1, \infty$ をとらないと仮定してもよい。$\lambda_{0,1}$ と穴あき円板上のポアンカレ計量との比較により

$$\lambda_{0,1}[f(z)]|f'(z)| \leq \left(|z| \log \frac{1}{|z|}\right)^{-1}.$$

これを半径に沿って $z_0 = r_0 e^{i\theta}$ から $z = re^{i\theta}$ $(r < r_0 < 1)$ まで積分する。定理 1.13 の証明と同様にして、$f(z) \in \Omega_1$ ならば

$$\log\{4 - \log|f(z)|\} \leq \log\log\frac{1}{|z|} + A$$

が得られる。ただし A は z に依存しない定数である。これは

$$-\log|f(z)| \le C \log \frac{1}{|z|} \quad (C \text{ は定数})$$

を意味するので $1/|f|$ は $1/|z|$ の何乗かで押さえられ、従って原点における f の特異性は真性ではない。

付記　シュワルツの補題とその古典的な証明はカラテオドリー [10] による。シュワルツは 1 対 1 写像に対してだけこれを証明した [59, p.109]。ポアンカレは関数の研究に資する目的で非ユークリッド幾何を用いたが、シュワルツの補題の等角不変的な特性をはじめて十分に表現したのはピック [50, 51] だったようである。定理 2.1 は主に歴史的な理由で採った。

定理 1.5 は最初カラテオドリー [11] によって示されたが、それとは独立に、ほとんど同時にランダウとヴァリロンによっても示された。この 3 人ともが、定理が正値調和関数のヘルグロッツ積分表現公式の容易な帰結であることには気づかなかった。ここでカラテオドリーの証明の方を先に述べたのは、その幾何学的な性格による。

外双曲的計量は、（こう名付けることなしに）アールフォルス [1] が導入した。最近、多変数関数論においてその新しい応用が多数見出された*。

ブロッホの定理の証明は多いが、おそらくランダウの証明 [34] が最も簡単であろう。定理の原型はブロッホ [8] にある。ハインズは筆者の証明を改良して $B > \sqrt{3}/4$ を示した（ハインズ [28]）。ポメレンケ [52] も参照されたい。

(1.26) の強い形がジェンキンス [32] にあるが、証明にはモジュラー関数が用いられる。本書における（大小両方の）ピカールの定理の証明が初等的であるとする理由は、それがモジュラー関数を避けているだけでなく、モノドロミー定理（一価性定理）を使用していないことにもよる。

---

*例えば Royden, H.L., The Ahlfors-Schwarz lemma in several complex variables, Comment. Math. Helvetici 55 (1980), 547-558. ちなみに、最近のテキストである 'Schwarz's Lemma from a Differential Geometric Viewpoint' (K.-T.Kim and H.-J.Lee, 2010) には 'Ahlfors' Generalization' と 'General Schwarz's Lemma by Yau and Royden' の章がある。

練習問題

1 単位円板または半平面に含まれる円の非ユークリッド的中心と半径を表す式を求めよ。

2 単位円板内の2つの円弧が単位円周上で両端点を共有すれば、これらは一方の円上の点からの相手の円までの距離が一定であるという意味で、非ユークリッド的な平行線であることを示せ。

3 $z = z(t)$ を C^3 級の曲線とする。この曲率の変化率は

$$|z'(t)|^{-1} \mathrm{Im} \left[\frac{z'''(t)}{z'(t)} - \frac{3}{2} \left(\frac{z''(t)}{z'(t)} \right)^2 \right]$$

であることを示せ。

4 定理 1.5 の類似を右半平面上の正の実部を持つ関数に対して定式化し、証明せよ。

5 球面計量

$$ds = \frac{2|dz|}{1 + |z|^2}$$

の曲率は1であることを確かめよ。

6 単位円板 Δ 上で f は解析的で $|f'(0)| = 1$ と正規化されているとき、像 $f(\Delta)$ で覆われる円板の半径の上限を L_f とする。ブロッホの定理の証明に倣って L_f の下限 L が $\frac{1}{2}$ 以上であることを示せ。

第2章

容　　量

2.1.　超越直径

E を複素平面内の有界な閉集合とする。その n 次直径を

$$d_n = \max \prod_{i<j} |z_i - z_j|^{2/n(n-1)} \qquad (z_i \in E, i = 1, \ldots, n)$$

で定義する。z_k を除外したとき

$$\prod_{i<j,\, i,j\neq k} |z_i - z_j| \leq d_{n-1}^{(n-1)(n-2)/2}.$$

これらをかけ合わせるとき各因子 $|z_i - z_j|$ は $n-2$ 回ずつ現れるから

$$d_n^{n(n-1)(n-2)/2} \leq d_{n-1}^{n(n-1)(n-2)/2}$$

を得、従って $d_n \leq d_{n-1}$ となる。$d_\infty = \lim d_n$ とおき、これを E の**超越直径**と呼ぶ。

　モニックな n 次多項式 $P_n(z) = z^n + a_1 z^{n-1} + \cdots + a_n$ のうちでその絶対値の E 上の最大値が最も小さいものをチェビシェフ多項式という。$|P_n|$ の E 上の最大値を ρ_n^n で表す。

定理 2.1.　　　　　　　$\lim_{n\to\infty} \rho_n = d_\infty$.

　証明.　　d_n を実現する点を $z_1, \ldots, z_n$ とし、ヴァンデルモンドの行列式

$$V(z, z_1, \ldots, z_n) = \begin{vmatrix} 1 & z & \cdots & z^n \\ 1 & z_1 & \cdots & z_1^n \\ \cdots & \cdots & \cdots & \\ 1 & z_n & \cdots & z_n^n \end{vmatrix}$$

を考えよう。この多項式の最高次の係数の絶対値は $d_n^{n(n-1)/2}$ である。よって $|V|$ の E 上の最大値は $\leq d_{n+1}^{n(n+1)/2} \leq d_n^{n(n+1)/2}$ であるから $\rho_n^n \leq d_n^n$ となり、従って $\rho_n \leq d_n$ である。次に

$$\begin{vmatrix} 1 & \cdots & z_1^{n-1} \\ \cdot & \cdots & \cdot \\ 1 & \cdots & z_n^{n-1} \end{vmatrix} = \begin{vmatrix} 1 & P_1(z_1) & \cdots & P_{n-1}(z_1) \\ & \cdots & \cdots & \\ & \cdots & \cdots & \\ 1 & P_1(z_n) & \cdots & P_{n-1}(z_n) \end{vmatrix}$$

ここでは P_k はチェビシェフ多項式としてよい。行列式に対するアダマールの不等式を用いると $d_n^{n(n-1)/2} \leq n^{n/2} \rho_1 \rho_2^2 \cdots \rho_{n-1}^{n-1}$ を得、従って $\liminf (\rho_1 \rho_2^2 \cdots \rho_{n-1}^{n-1})^{2/n(n-1)} \geq d_\infty$ となる。左辺の極限は重み付き幾何平均の列についてだから、もし ρ_n が存在すれば、($\rho_n \leq d_n$ なので) その値は d_∞ でなければならない。

　この極限の存在を示すため、不等式 $\rho_{mk+k}^{mk+k} \leq \max |P_m^k P_h| \leq \rho_m^{mk} \rho_h^h$ を

$$\log \rho_{mk+h} \leq \frac{mk}{mk+h} \log \rho_m + \frac{h}{mk+h} \log \rho_h$$

の形で用いる。m を固定して $h = 0, \ldots, m-1$ として自然数 k を動かせば $\limsup \rho_n \leq \rho_m$ を得るが、この不等式により $\lim \rho_n$ の存在は明らかである。

2.2.　ポテンシャル関数

　コンパクト集合 E 上の正の質量分布、すなわち E の補集合上で 0 となる測度 μ を考え、

$$p_N(z) = \int \min \left(N, \log \frac{1}{|z - \zeta|} \right) d\mu(\zeta),$$

$p(z) = \lim_{N \to \infty} p_N(z)$ とおく。$p(z)$ を μ の**対数ポテンシャル**（または単にポテンシャル）という。明らかに p は下半連続で $p(z_0) \leq \liminf_{z \to z_0} p(z)$ をみ

たし、かつ E の補集合上で調和である。$V_\mu = \sup_z p(z)$ とおく。$V_\mu = \infty$ となる場合がある。

質量分布 μ, ν に対し

$$I(\mu, \nu) = \lim_{N \to \infty} \int p_N(z) d\nu(z)$$

が存在する。$I(\mu, \nu) = I(\nu, \mu)$ であることは各自で証明されたい。特に $I(\mu, \mu)$ を $I(\mu)$ で表す。これを μ の**エネルギー積分**と呼ぶ。

定理 2.2. 全質量 $\mu(E)$ が 1 の質量分布の中で V_μ を最小にするものが存在する。この質量分布は $I(\mu)$ も最小にし、この二つの最小値は一致する。

定義 2.1. $\min V_\mu = V$ のとき、e^{-V} を E の**容量**といい、$\mathrm{cap}\, E$ で表す。

注意. $V = \infty$ のとき、つまりすべての μ に対して $V_\mu = \infty$ であるとき、E は容量が 0 の集合であるという。

証明.　　定理 2.2 の証明を数段階に分けて行う。まず E の補集合 Ω が連結で、有限個の区分的に解析的なジョルダン閉曲線を境界とする場合に限定して考えよう。Ω の境界を $\partial\Omega$ で表す。$\partial\Omega$ の向きは Ω を左手に見る向きとする。

Ω は ∞ を極とするグリーン関数を持つことが知られている（[0] を見よ）。このグリーン関数は Ω で調和であり、$\partial\Omega$ 上で 0 で、∞ の近くでは

$$g(z) = \log|z| + \gamma + \epsilon(z)$$

の形である。ただし γ は定数で $z \to \infty$ のとき $\epsilon(z) \to 0$ である。定数 γ は**ロバン定数**と呼ばれている。

任意の点 $\zeta \in \Omega$ に対し、グリーンの公式より

$$g(\zeta) - \gamma = \frac{1}{2\pi} \int_{\partial\Omega} \log\frac{1}{|z - \zeta|} \frac{\partial g}{\partial n} |dz|. \tag{2.1}$$

ただし法線微分は外法線方向とする。（これは本書を通じた規約とする。）明らかに $\partial g/\partial n < 0$ であり、正の質量分布 μ をボレル集合 e に対して

$$\mu(e) = -\frac{1}{2\pi} \int_{e \cap \partial\Omega} \frac{\partial g}{\partial n} |dz|$$

とおくことによって定義できる。グリーンの公式によりその全質量は 1 である。

公式 (2.1) より μ のポテンシャルは $p(\zeta) = \gamma - g(\zeta)$ $(\zeta \in \Omega)$ をみたす。グリーンの公式は ζ が Ω の外点である場合にも、さらに $\zeta \in \partial\Omega$ である場合にも適用できる。したがって E 上で $p(\zeta) = \gamma$ であり、その結果 $V_\mu = \gamma$ であるから、$V \leq \gamma$ が示せた。μ_0 を全質量が 1 の質量分布とし、p_0 をその対数ポテンシャルとする。すると、$z \to \infty$ のとき $p_0(z) - p(z) \to 0$ だから、最大値原理により $V_{\mu_0} \geq V_\mu = \gamma$ となる。よって V_μ が最小値であり $V = \gamma$ となる。さらに

$$I(\mu, \mu_0) = \int p \, d\mu_0 = \gamma = I(\mu) \tag{2.2}$$

である。

証明を継続するため、補題が一つ必要になる。

補題 2.1. E 上の正の質量分布 μ_1 と μ_2 が $\mu_1(E) = \mu_2(E)$, $I(\mu_1) < \infty, I(\mu_2) < \infty$ をみたすとき、$I(\mu_1) + I(\mu_2) - 2I(\mu_1, \mu_2) \geq 0$ である。

証明. 初等的な議論により

$$\frac{1}{2\pi} \int\int_{|z| < R} \frac{dx\,dy}{|z - z_1||z - z_2|} = \log R - \log|z_1 - z_2| + C + \epsilon(z_1, z_2, R). \tag{2.3}$$

ただし C は定数で、$R \to \infty$ のとき z_1, z_2 に関して局所一様に $\epsilon(z_1, z_2, R) \to 0$. $\mu_1(E) = \mu_2(E) = 1$ と仮定してよい。(2.3) を $\mu_i(z_1)$ と $\mu_j(z_2)$ $(i, j = 1, 2)$ で積分して

$$\frac{1}{2\pi} \int\int_{|z| < R} \left[\int \frac{d\mu_i(\zeta)}{|\zeta - z|} \int \frac{d\mu_j(\zeta)}{|\zeta - z|} \right] dx\,dy = \log R + I(\mu_i, \mu_j) + C + \epsilon(R)$$

$(\epsilon(R) \to 0)$ を得る。従って

$$I(\mu_1) + I(\mu_2) - 2I(\mu_1, \mu_2) = \lim_{R \to \infty} \int\int_{|z| < R} \left[\int \frac{d\mu_1(\zeta) - d\mu_2(\zeta)}{|\zeta - z|} \right]^2 dx\,dy)) \geq 0.$$

あるいは別の書き方で $I(\mu_1 - \mu_2) \leq 0$.

この補題を μ と μ_0 に適用する。すると (2.2) と補題より $I(\mu_0) \geq I(\mu)$ が得られるので、$I(\mu)$ が最小であることが言えた。分布 μ は**平衡分布**と呼ばれる。

E が任意のコンパクト集合のとき、Ω で E の補集合の非有界成分を表す。この領域は上の仮定をみたす領域の増大列 Ω_n の和集合として表せる。Ω_n の補集合を E_n で表し、E_n 上の平衡分布を μ、グリーン関数を g_n、ロバン定数を γ_n で表す。$g(z) = \lim_{n \to \infty} g_n(z),\ \gamma = \lim \gamma_n$ とおく。ハルナックの原理より、$g(z)$ は調和であるか、または恒等的に $+\infty$ に等しい。前者の場合、g は Ω のグリーン関数であるという。これが列 Ω_n のとり方によらないことは容易に示せる。μ_n の部分列を選んで全質量が 1 の分布に収束させることができることは、よく知られた事実である。明らかに μ は E 上の分布であるが、実際には Ω の境界上の分布である。添字を調整して、μ_n がこの収束列であるとしておこう。

もし z が Ω の境界上になければ、μ のポテンシャル p は

$$p(z) = \lim p_n(z) \leq \gamma$$

をみたす。$p(z)$ の下半連続性よりこの不等式は境界上でも成立するので $V_\mu \leq \gamma$ となる。一方、μ_0 が全質量が 1 の E 上の分布なら、これは E_n 上の分布でもあるので $V_{\mu_0} \geq \gamma_n$ となり、従って $V_{\mu_0} \geq \gamma$ である。よって V_μ が最小で $V_\mu = \gamma$ が成り立つ。

一般には $p(z)$ が E 上で恒等的に γ に等しいとは言えないが、$I(\mu) \leq \gamma$ であることは自明であり、全質量が 1 の E 上の分布 μ_0 に対して $I(\mu_0) \geq I(\mu_n) = \gamma_n$ である。よって $I(\mu_0) \geq \gamma$ であり、特に $I(\mu) \geq \gamma$ であるから、実際には $I(\mu) = \gamma$ となっている。（このように）$I(\mu)$ がまさに最小値であり、かつ上の最小値 V_μ に等しいことが証明できた。

2.3. 容量と超越直径

前節では $\mathrm{cap}\, E = e^{-\gamma}$ であることを示した。γ は E の補集合の非有界成分 Ω のロバン定数であった。よって E を Ω の補集合全体に置き換えても容量は変化しない。

γ が、そしてそれゆえ E の容量が、Ω 上の等角写像に関する一定の不変性を持つことは明らかである。実際、$f(z)$ が Ω を領域 Ω_1 に等角に写像したとし、$f(z)$ の ∞ におけるローラン展開が $f(z) = z + \cdots$ の形であるとしよう。つまり $f(\infty) = \infty$ であり、かつ $f(z)/z \to 1$ であるとする。もし g_1 が Ω_1 のグリーン関数であれば、$g_1 \circ f$ は Ω のグリーン関数なので、ロバン定数たち γ, γ_1 は等しく、従って Ω_1 の補集合 E_1 の容量は E の容量に等しい。言い換えれば、容量は正規化された等角写像によって不変である。

E から E_1 への写像があるわけではないことに注意しよう。比較はそれらの補集合に移行した後に現れる。正規化条件を除くと、$f(z) = az + \cdots$ に対する式は $\mathrm{cap}E_1 = |a|\mathrm{cap}E$ となる。この変換則を持つものを**相対的等角不変量**という。

半径が R の円板の容量は R であり、長さが L の線分の容量は $L/4$ である。容量の性質を、超越直径との関係に絞って調べよう。

定理 2.3. 有界閉集合の容量は、その超越直径に等しい。

証明. 記号は前の通りとし、μ を平衡分布、$P_n(z) = (z - \zeta_1) \cdots (z - \zeta_n)$ を n 次のチェビシェフ多項式とする。グリーンの公式により直ちに

$$\int \log |P_n| d\mu = -p(\zeta_1) - \cdots - p(\zeta_n) \geq -n\gamma.$$

従って $\rho_n^n = \max_E |P_n| \geq e^{-n\gamma}$ となり、その結果 $d_\infty \geq e^{-\gamma} = \mathrm{cap}E$ となる。

逆向きの不等式を示すため、$d_\infty(E) \leq d_\infty(E_n)$ であることに注意しよう。これにより、$d_\infty(E) \leq e^{-\gamma}$ を言うには $d_\infty(E_n) \leq e^{-\gamma_n}$ が言えればよい。つまり、Ω の境界が滑らかな解析的曲線であるときに示せば十分である。$\partial\Omega$ を n 個の部分 c_i に分け、各 c_i の平衡分布による質量が $1/n$ ずつであるようにする。n が大きければほとんどが弧であるようにとれるが、$\partial\Omega$ の連結成分が N 個あれば一般には $N - 1$ 個の c_i が非連結であることを許さねばならない。これらの部分を例外的と呼ぶことにする。

点 $\zeta_i \in c_i$ を選び、多項式

$$P_n(z) = (z - \zeta_1) \cdots (z - \zeta_n)$$

を考える。平衡分布のポテンシャルが E 上で γ であったことを思い出そう。

平衡分布による c_i の質量は $1/n$ だったから、

$$\frac{1}{n} \log |P_n(z)| + \gamma = \sum_i \int_{c_i} \log \frac{|z - \zeta_i|}{|z - \zeta|} d\mu(\zeta) \qquad (z \in E).$$

n を十分大とし、非例外的な c_i の直径が定数 $\delta > 0$ より小であるとする。z がこれらの c_i に属するとき

$$\log \left| \frac{z - \zeta_i}{z - \zeta} \right| = \log \left| 1 + \frac{\zeta - \zeta_i}{z - \zeta} \right| \le \log \left(1 + \frac{\delta}{|z - \zeta|} \right)$$

であるが、z が例外的な部分に含まれれば、

$$\log \left| \frac{z - \zeta_i}{z - \zeta} \right| \le \log \frac{D}{|z - \zeta|} \qquad (D \text{ は } E \text{ の直径})$$

しか言えない。これらの評価式を合わせると

$$\frac{1}{n} \log |P_n(z)| + \gamma \le \int \log \left(1 + \frac{\delta}{|z - \zeta|} \right) d\mu + \int_{c'} \log \frac{D}{|z - \zeta|} d\mu \qquad (2.4)$$

が得られる。ただし c' は例外的部分の和集合を表す。

$\partial\Omega$ の連結成分間の距離の最小値を d とすると、(2.4) の右辺において z を含まない連結成分からの寄与を考えたとき、それは高々

$$\log \left(1 + \frac{\delta}{d} \right) + \frac{N - 1}{n} \log \frac{D}{d} \qquad (2.5)$$

であることは見やすい。

$s(= s(\zeta))$ で z から ζ までの $\partial\Omega$ に沿う弧長を表す。$\partial\Omega$ は解析的なので、ある定数 $k > 0$ に対して $|z - \zeta| \ge ks$ である。このときさらに g の法線微分は有界であり、従ってある定数 K に対して $d\mu \le K ds$ となる。

これにより、(2.4) の最初の積分項における残りの部分は

$$2K \int_0^{L/2} \log \left(1 + \frac{\delta}{ks} \right) ds \qquad (2.6)$$

（ただし L は $\partial\Omega$ の全長）で押さえられる。

他の積分項の残りの部分は高々

$$K \int_0^{\delta/k} \log \frac{D}{ks} ds. \tag{2.7}$$

E 上では（同じことだが $\partial\Omega$ 上では）$\rho_n^n \leq \max |P_n(z)|$ であったことを思い出そう。

よって上記の評価式たちを合わせれば、(2.5) から (2.7) までを足し合わせれば $\log \rho_n + \gamma$ を押さえられることがわかり、この3つが $n \to \infty$ と $\delta \to 0$ のとき0に収束することから $\log d_\infty \leq -\gamma$ が言えるので、証明が完了する。

等角不変量でありユークリッド幾何的な量でもあるという二重の役割を容量に負わせることにより、等角写像について価値ある情報を引き出すことができる。例えば E が直線上に正射影されたとき、超越直径が減少することは明白である。このことから、E の直径が L ならばその容量は $\geq L/4$ である。この応用であるが、$f(z)$ として単位円板からの1対1の等角写像で $f(0) = 0$ かつ $|f'(0)| = 1$ と正規化されているものを考えよう。b がこの像に含まれないとしよう。すると、$1/f(1/z)$ は単位円の外部を非有界領域 Ω に写像する正規化された写像で、Ω の補集合 E は容量が1であり、0と $1/b$ を含む連結集合である。よってその直径は $1/|b|$ 以上である。これより $1 \geq 1/(4|b|)$ すなわち $|b| \geq \frac{1}{4}$ となる。これが有名な（ケーベの）**4分の1定理**である。

2.4.　円周の部分集合

領域 Ω 上の関数 u について、そのディリクレ積分とは

$$\int\int_\Omega \left[\left(\frac{\partial u}{\partial x} \right)^2 + \left(\frac{\partial u}{\partial y} \right)^2 \right] dxdy$$

を言うのであった。混合型のディリクレ積分

$$D_\Omega(u, v) = \int\int_\Omega \left(\frac{\partial u}{\partial x}\frac{\partial v}{\partial x} + \frac{\partial u}{\partial y}\frac{\partial v}{\partial y} \right) dxdy$$

を用いると、$D_\Omega(u,v)^2 \le D_\Omega(u)D_\Omega(v)$ となる。（添字 Ω はしばしば省かれる。）

　この節では単位円周内の閉（真部分）集合 E の容量について調べる。容量の持つ極値的性質により、単位円板 Δ 上の調和関数のディリクレ積分が、E 上の値と原点での値に関連付けられることが示されるであろう。E の補集合を Ω と書き、そのグリーン関数を $g(z)$ で、ロバン定数を $\gamma = -\log \operatorname{cap} E$ で表す。

定理 2.4. $u(z)$ は Δ 上で調和であり、$u(0) = 1$ かつ z が E に近づくとき $\limsup u(z) \le 0$ であるとする。このとき $D \ge \pi/\gamma$ であり、等号は $u = g(z)/\gamma$ に対して成立する。

　証明．最初は E が有限個の円弧から成っており、かつ u は閉円板上で C^1 級であると仮定する。$g(z) - g(1/\overline{z})$ と $\log|z|$ を $\mathbb{C} \setminus E$ 上で比べると、これらは 0 と ∞ において同じ特異性を持ち、それ以外で調和な、しかも E 上で同じ境界値を持つ関数である。従って最大値の原理により $g(z) - g(1/\overline{z}) = \log|z|$ である。この式から $g(0) = \gamma$ であることと、円周における E の補集合 E' 上で $\partial g/\partial r = \frac{1}{2}$ であることがわかる。g は正値だから E 上では $\partial g/\partial r < 0$ でなければならない。

　E の成分の円弧の端点では g はやや特異性を持つが、鏡像原理を用いた通常の議論により、g の勾配が最寄りの端点までの距離 ρ に関して $1/\sqrt{\rho}$ の程度であることが示せる。

　これらすべてを勘案すれば、容易に

$$D_\Delta(u,g) = \int_0^{2\pi} u\frac{\partial g}{\partial r}d\theta \ge \frac{1}{2}\int_{E'} u d\theta \ge \frac{1}{2}\int_0^{2\pi} u\theta = \pi$$

および

$$D_\Delta(g) = \int_0^{2\pi} g\frac{\partial g}{\partial r}d\theta = \frac{1}{2}\int_0^{2\pi} g d\theta = \pi\gamma$$

が得られる。従って $\pi^2 \le D_\Delta(u)D_\Delta(g) = \pi\gamma D_\Delta(u)$ であり、$D_\Delta(u) \ge \pi/\gamma$ が示された。等号は $u = g/\gamma$ の時である。

　一般の E は有限個の円弧から成る E_n の交わりとして表せる。既に示したことを $u_1(z) = (1-\epsilon)^{-1}[u(rz) - \epsilon]$ $(\epsilon > 0, r < 1)$ と E_n $(n >> 1)$ に適用す

ると $\mathrm{cap}E_n \to \mathrm{cap}E$ かつ $D_\Delta(u_1) \to D_\Delta(u)$ であるから、一般の場合にも定理は成立する。

　次節への準備として、単位円周上の弧で長さが α であるものの容量を求めておこう。端点が $e^{-i\alpha/2}$ と $e^{i\alpha/2}$ であるものについて計算を実行する。これの補集合は原点を中心とする円板の外部へと、関数

$$f(z) = \frac{1}{2}\left[z - 1 + \sqrt{(z - e^{i\alpha/2})(z - e^{-i\alpha/2})}\right]$$

（平方根は ∞ の近傍で漸近的に z になるように選ぶ）により写像される。実際、$z = e^{i\theta}$ における f の値を計算すれば

$$f(e^{i\theta}) = e^{i\theta/2}\left(i\sin\frac{\theta}{2} + \sqrt{\sin^2\frac{\alpha}{4} - \sin^2\frac{\theta}{2}}\right)$$

となるから、$|f(e^{i\theta})| = \sin(\alpha/4)$ $(|\theta| < \alpha)$ である。f は ∞ で正規化されているから、この円弧の容量は $\sin(\alpha/4)$ である。

2.5.　対称化

　$|z| = 1$ 上で長さが L の集合 E を動かすとき、その容量は円弧によって最小化されることを示したい。つまり $\mathrm{cap}E \geq \sin(L/4)$ を示したい。E が半円上にあるとき、これは即座に示せる。なぜならその半円上で E を一か所に集めて円弧にする操作は任意の二点間の距離を減少させるので、超越直径も減少するからである。一方、E が半円上にないときにはこの議論は使えず、まったく異なる方法を探さねばならない。

　この目的のため、定理 2.4 と「対称化原理」を組み合わせよう。対称化に関わる定理は多いが、ここで用いるのは特殊な形のもので、**円型対称化**と呼ばれるごく典型的な方法である。

　$g(\theta)$ を $0 \leq |\theta| \leq \pi$ に対して定義された実数値可測関数とする。$m(t)$ で集合 $\{\theta; g(\theta) \leq t\}$ の測度を表す。$m(t)$ は非減少で右半連続 $(m(t+0) = m(t))$ であることに注意しよう。$m(t)$ が等しい 2 つの関数は**測度的に等価**であるということにする。$g(\theta)$ と測度的に等価な関数 $g^*(\theta)$ で、偶関数であり、

かつ $\theta \geq 0$ の範囲で非減少であるものを構成したい。もし $m(t)$ が連続で狭義単調増加なら g^* の存在はまったく明らかである。実際このときは $g^*(\theta) = g^*(-\theta) = m^{-1}(2\theta)$ とおけばよい。ただし m^{-1} は逆関数を意味する。一般の場合には $m(t-0) \leq 2\theta$ をみたすような t の上限として $g^*(\theta)$ を定める。この g^* と g 測度的に等価であることの検証には慎重な議論が必要である。

g^* が非減少であることは明白なので、不等式 $g^*(\theta) \leq t_0$ は開区間 $|\theta| < \theta_0$ または閉区間 $|\theta| \leq \theta_0$ 上で成立する。これをふまえて $m(t_0) = 2\theta_0$ であることを示そう。

1 もし $m(t_0) > 2\theta_0$ であったとすると、$m(t_0) > 2\theta_0 + 2\epsilon$ がある $\epsilon > 0$ に対して成立し、このとき任意の δ に対して $m(t_0 + \delta - 0) > 2\theta_0 + 2\epsilon$ である。g^* の定義により、これは $g^*(\theta_0 + \epsilon) \leq t_0 + \delta$ を意味し、従って $g^*(\theta_0 + \epsilon) \leq t_0$ となるが、これは θ_0 の定義に反する。

2 $m(t_0) < 2\theta_0$ であったとすると、適当な ϵ と $\delta > 0$ に対して $m(t_0 + \delta - 0) < 2\theta_0 - 2\epsilon$ である。よって $g^*(\theta_0 - \epsilon) \geq t_0 + \delta$ となるが、これも θ_0 の定義に反する。残る唯一の可能性が $m(t_0) = 2\theta_0$ である。

簡単のため、境界値 $g(\theta)$ に対する単位円板上のポアソン積分を $g(z)$ で表す。当然 $g(\theta)$ は可積分であると仮定する。$D_\Delta(g)$ を単に $D(g)$ で表す。$D(g)$ を境界値 $g(\theta)$ によって表す式が必要である。

定理 2.5.
$$D(g) = \frac{1}{8\pi} \int_0^{2\pi} \int_0^{2\pi} \left(\frac{g(\theta)g(\theta')}{\sin\left[(\theta - \theta')/2\right]} \right)^2 d\theta d\theta'.$$

証明. g を実部とする解析関数 $f = g + ih$ で条件 $h(0) = 0$ をみたすものを考えよう。すると g の $\Delta_r = \{|z| < r\}$ 上のディリクレ積分は
$$D_r(g) = -\frac{i}{2} \int_{|z|=r} \overline{f} f' dz$$
と表せる。この式に以下を代入する。
$$f(z) = \frac{1}{2\pi} \int_0^{2\pi} \frac{e^{i\theta} + z}{e^{i\theta} - z} g(\theta) d\theta$$

$$f'(z) = \frac{1}{\pi} \int_0^{2\pi} \frac{e^{i\theta}}{(e^{i\theta} - z)^2} g(\theta) d\theta.$$

簡単な留数解析により

$$\int_{|z|=r} \frac{e^{-i\theta} + \overline{z}}{e^{-i\theta} - \overline{z}} \frac{e^{i\theta'}}{(e^{i\theta'} - z)^2} dz = \int_{|z|=r} \frac{(z + r^2 e^{i\theta} e^{i\theta'}}{(z - r^2 e^{i\theta})(e^{i\theta'} - z)^2} dz$$

$$= 2\pi i \frac{2r^2 e^{i(\theta+\theta')}}{(e^{i\theta'} - r^2 e^{i\theta})^2} = 4\pi i r^2 (e^{i(\theta'-\theta)/2} - r^2 e^{i(\theta-\theta')/2})^{-2}$$

となるので

$$D_r(g) = \frac{r^2}{\pi} \int_0^{2\pi} \int_0^{2\pi} (e^{i(\theta'-\theta)/2} - r^2 e^{i(\theta-\theta')/2})^{-2} g(\theta) g(\theta') d\theta d\theta' \qquad (2.8)$$

を得る。

(2.8) の特別な場合として

$$\int_0^{2\pi} \int_0^{2\pi} (e^{i(\theta'-\theta)/2} - r^2 e^{i(\theta-\theta')/2})^{-2} d\theta d\theta' = 0$$

が得られ、これより、明らかに θ' によらない積分

$$\int_0^{2\pi} (e^{i(\theta'-\theta)/2} - r^2 e^{i(\theta-\theta')/2})^{-2} d\theta \qquad (2.9)$$

の値が 0 であることが従う。

よって

$$\int_0^{2\pi} \int_0^{2\pi} (e^{i(\theta'-\theta)/2} - r^2 e^{i(\theta-\theta')/2})^{-2} g(\theta)^2 d\theta d\theta' = 0$$

となるので、結局、(2.8) は

$$D_r(g) = -\frac{r^2}{2\pi} \int_0^{2\pi} \int_0^{2\pi} \left[\frac{g(\theta) - g(\theta')}{e^{i(\theta'-\theta)/2} - r^2 e^{i(\theta-\theta')/2}} \right]^2 d\theta d\theta' \qquad (2.10)$$

で置き換えることができる。

$r \to 1$ のとき (2.10) の右辺は

$$I(g) = \frac{1}{8\pi} \int_0^{2\pi} \int_0^{2\pi} \left(\frac{g(\theta) - g(\theta')}{\sin[(\theta - \theta')/2]} \right)^2 d\theta d\theta'$$

に収束することが期待される。

$I(g) < \infty$ ならばその検証は容易である。実際、等式

$$|e^{i(\theta'-\theta)/2} - r^2 e^{i(\theta-\theta')/2}|^2 = (1-r)^2 + 4r^2 \sin^2 \frac{\theta - \theta'}{2} \tag{2.11}$$

により、$I(g)$ は $D_r(g)$ の積分記号化の極限として有限確定であり、ルベーグの有界収束定理が使えるからである。

残りは $D(g) < \infty$ の下での $I(g)$ の収束性である。まず、ディリクレ積分が有限ならば、法極限 $g(\theta) = \lim_{r\to 1} g(re^{i\theta})$ はほとんどいたるところ存在して 2 乗可積分である。これはシュワルツの不等式を次の形で用いれば直ちに導ける。

$$\int_0^{2\pi} \left[\int_{\frac{1}{2}}^1 \frac{\partial}{\partial r} g(re^{i\theta}) dr \right]^2 d\theta \le \frac{1}{2} \int_{\frac{1}{2}}^1 \int_0^{2\pi} \left(\frac{\partial g}{\partial r} \right)^2 dr d\theta < D(g) < \infty.$$

よく知られているように $g(\theta)$ のポアソン積分は $g(z)$ に等しいが、この結果を $g_r(\theta) = g(re^{i\theta})$ に適用すれば $I(g_r) = D(g_r) = D_r(g)$ を得、さらにほとんどいたるところ $g_r(\theta) \to g(\theta)$ となる。よってファトゥの補題より $I(g) \le \lim I(g_r) = D(g) < \infty$ となり、証明が完了する。

対称化された関数 g^* の話に戻ろう。

定理 2.6. $D(g) \ge D(g^*)$.

証明. 補助的な積分

$$E_r(g) = \frac{r^2}{\pi^2} \int_0^{2\pi} \int_0^{2\pi} \frac{[g(\theta) - g(\theta')]^2}{(1-r^2) + 4r^2 \sin^2[(\theta-\theta')/2]} d\theta d\theta'$$

を導入する。(2.9) より $D_r(g) \le E_r(g) \le I(g)$ である。$E_r(g^*) \le E_r(g)$ が示せればよい。というのも、これより $D_r(g^*) \le E_r(g^*) \le E_r(g) \le I(g)$ となるのでこれの極限として $D(g^*) = I(g^*) \le I(g)$ が言え、定理が従うからである。

この部分を補うのは次のように一般化された対称化補題である。

補題 2.2. $u(\theta)$ と $v(\theta)$ は $\pi \le \theta \le \pi$ で可測で非負であるとし、$K(t)$ は $0 \le t \le 1$ で非負で非減少であるとする。このとき積分

$$J(u,v) = \int_{-\pi}^{\pi} \int_{-\pi}^{\pi} u(\theta)v(\theta')K(\sin\frac{|\theta-\theta'|}{2})d\theta d\theta'$$

は $J(u,v) \le J(u^*, v^*)$ をみたす。

　これを用いて $E_r(g^*) \le E_r(g)$ が示せることはほぼ明白である。まず g は有界であるとしても構わず、定数の足し引きは結果に影響しないので、g は正であるとしてもよい。$E_r(g)$ における平方を展開したとき、$g(\theta)^2$ と $g(\theta')^2$ を含む項は g を g^* で置き換えても変わらない。従ってそのとき $g(\theta)g(\theta')$ を含む項が増加することをいえば十分であるが、$E_r(g)$ 内の積分核は $\sin(|\theta-\theta'|/2)$ の減少関数であるのでこれは補題 2.2 の帰結となるのである。

　補題 2.2 の証明. $u_+(\theta) = \max[u(\theta), u(-\theta))]$ $(\theta \in [0,\pi])$, $u_-(\theta) = \min[u(\theta), u(-\theta))]$
$(\theta \in (0,-\pi,0))$ とおく。つまり、単位円周上の関数 $u(\theta)$ に対し、θ における値を必要なら共役点での値に取り換えて、上半円上で大きい方の値を取るようにする。v についても同様に v_+ を定義したとき、$J(u_+, v_+) \ge J(u,v)$ が成り立つことを確かめよう。

　$\theta, \theta' \in (0,\pi)$ を止め、

$$\Delta(u,v) = [u(\theta)v(\theta') + u(-\theta)v(-\theta')]K\left(\sin\frac{|\theta-\theta'|}{2}\right)$$

$$+[u(\theta)v(-\theta') + u(-\theta)v(\theta')]K\left(\sin\frac{\theta+\theta'}{2}\right)$$

と $\Delta(u_+, v_+)$ を比較する。

　式の対称性より、$u_+(\theta) = u(\theta)$ かつ $v_+(\theta) = v(-\theta')$ である場合に調べれば十分である。このとき

$$\Delta(u_+, v_+) - \Delta(u,v) = [u(\theta) - u(-\theta)][v(-\theta')$$
$$- v(\theta')]\left[K\left(\sin\frac{|\theta-\theta'|}{2}\right) - K\left(\sin\frac{\theta+\theta'}{2}\right)\right]$$

のように、差が 3 つの非負因子の積になるので（両辺を積分することにより）$J(u_+, v_+) \geq J(u, v)$ が得られる。

補題を示すにあたり、u, v, K は有界であるとしても構わない。さらに、u と v は有限個の値のみを取る単関数で、値の逆像が半開区間であるものに限ってもよい。これらの区間の特性関数を u_i とし、

$$u = a_1 u_1 + \cdots + a_n u_n \quad (a_i > 0)$$

とおく。明らかに $u^* = a_1 u_1^* + \cdots + a_n u_n^*$ であり、v についても同様の式 $v^* = b_1 v_1^* + \cdots + b_m v_m^*$ を得る。よって補題は u_i と v_j に対して示せば十分である。

そこで u と v は単位円上の二つの弧 α と β の特性関数であるとしよう。$J(u, v)$ が円の回転で不変なことは明白である。従って、特に α と β の中点が実軸に関して対称であり、α の中点は上半円上にあるとしてもよいが、この状況では $u_+(\theta) = u(\theta), v_+(\theta') = v(-\theta')$ であるので、u_+ と v_+ は共通の中点を持つ 2 つの円弧の特性関数である。よって（u^*, v^* の定義と J の回転不変性により）$J(u^*, v^*) = J(u_+, v_+)$ である。すでに $J(u_+, v_+) \geq J(u, v)$ は示してあるので、これで補題は証明された。

容量への応用は単純明快である。

定理 2.7. 単位円周上の閉集合 E は、長さが α であれば容量は $\sin(\alpha/4)$ 以上である。

証明. E の補集合上のグリーン関数を $g(z)$、γ をロバン定数とすれば $\mathrm{cap}E = e^{-\gamma}$ である。$g^*(z)$ で境界値が対称化 $g^*(\theta)$ になっているような調和関数を表すと、これは長さが α の弧 E^* 上で 0 である。そこで $\mathrm{cap}E^* = e^{-\gamma^*} = \sin(\alpha/4)$ とおく。g と g^* は単位円上同等可測だから、これらの原点における値は等しく、定理 2.4 の証明中で示したようにその値は γ である。ここで定理 2.4 を g/γ と g^*/γ に適用すれば $D(g/\gamma) = \pi/\gamma$ かつ $D(g^*/\gamma) \geq \pi/\gamma^*$ となる。$D(g) \geq D(g^*)$ であるので $\gamma \leq \gamma^*$, $\mathrm{cap}E \geq \mathrm{cap}E^*$ が従う。

付記　超越直径はフェケテ [19] によって導入され、重要な簡単化がゼゲー [61] およびポリヤとゼゲー [52] においてなされた。

　ポテンシャル論は（ラプラスやガウスらによる）古典的起源にもかかわらず長い間厳密性を欠いていたが、1935 年にフロストマンの学位論文 [20] が出てはじめて独立性のある理論になった。その後も基礎理論が H. カルタンとブルローの多くの論文で積み重ねられた。この後の展開についてはブルロー [9] による優れた総説と文献を参照されたい。ディリクレ積分の境界値を用いた表現（定理 2.5）はダグラス [18] による。対称化の技法はポリヤにより広く用いられた。補題 2.2 に見られるような配置換え定理はハーディーとリトルウッド [26] の基本的なアイディアにもとづいている。定理 2.7 を証明したのは、印刷公表はしなかったがボイリングが最初であろう。

練習問題

1　平面上の集合の超越直径は、その境界の超越直径に等しいことを示せ。

2　E を連結な閉集合とし、Ω をその補集合の非有界な成分とする。リーマンの写像定理より、Ω を円の外部へと写像する正規化された等角写像

$$f(z) = z + a_0 + a_1 z^{-1} + \cdots$$

が存在する。この円の半径 R は Ω の外等角半径と呼ばれている。$R = \mathrm{cap} E$ を示せ。

3　（ヘイマン）$F(w) = \alpha w + b_0 + b_1 w^{-1} + \cdots$ は $1 < |w| < \infty$ 上解析的であるとする。Q で $F(w)$ がとらない値の集合を表すとき、$\mathrm{cap} Q \leq \alpha$ であり、等号は F が 1 対 1 のときに限って成立する。

4　（ポメレンケ）$|z| > 1$ 上の写像 $(z^n + 2 + z^{-n})^{1/n}$ について調べ、これを用いて、一点から放射状かつ等（角）間隔に並んだ単位長の n 個の線分のなす星型の容量を求めよ。

第3章

調和測度

3.1. 優化原理

　調和関数は最大値の原理をみたす。最大値の原理を用いて、初等的ながら系統的に、調和関数や解析関数を最大化または最小化する重要な方法が得られる。この文脈では立派な一般論よりも具体的な実効性が尊ばれるので、ここでは基礎をなす存在定理が実質的には自明であるような状況に限って議論することにしよう。

　調和測度の概念は極めて有用であることが判明しているが、その原初的な形は以下のごとくである。

　Ω は拡張された複素平面（リーマン球面）内の領域で、境界 $\partial\Omega$ が有限個のジョルダン曲線から成っているものとする。境界 $\partial\Omega$ を 2 つの部分 E, E' に分け、それぞれ有限個の弧と閉曲線から成っているものとしよう。弧が端点を含むかどうかは当面の議論には関係しない。このとき Ω 上の有界な調和関数 $\omega(z)$ で、z が E の内点に収束するとき $\omega(z) \to 1$ で、z が E' の内点に収束するときには $\omega(z) \to 0$ となるものが一意的に存在する。ω の値は 0 より大で 1 未満である。数 $\omega(z)$ は z における Ω に関する E の調和測度と呼ばれ、$\omega(z, \Omega, E)$ とも書かれる。

　念のために注意しておくと、調和測度の一意性は ω の有界性に本質的に依存する。これはリンデレーフ式の最大値原理から従うのだが、読者の便宜を図るためこれを証明しておこう。

リンデレーフの最大値原理 $u(z)$ は領域 Ω 上で調和で有界な関数（$u(z) \leq M$）とし、Ω の境界は有限集合ではないとする。境界点 ζ に対し、高々有限個の例外を除いて $\limsup_{z \to \zeta} u(z) \leq m$ であれば、Ω 上で $u(z) \leq m$ が成り立つ。

証明. まず Ω は有界であると仮定する。その直径を d で表し、上記の例外点を ζ_j で表す。この時には通常の最大値原理を

$$u(z) + \epsilon \sum_j \log \frac{|z - \zeta_j|}{d} \quad (\epsilon > 0)$$

に対して適用し、$\epsilon \to 0$ とすればよい。Ω が外点を持つときには反転を使うと同じ議論ができる。外点がなければ正数 R を $|\zeta_j|$ と異なるようにとり、Ω を $|z| < R$ の部分 Ω_1 と $|z| > R$ の部分 Ω_2 に分ける。もし $|z| \leq m$ が $\Omega \cap \{|z| = r\}$ 上で成り立てば、Ω_1 と Ω_2 それぞれに上の結果を適用すればよい。そうでなければ u は $> m$ なる最大値を $\Omega \cap \{|z| = R\}$ 上で取ることになり、これは Ω 全体における最大値になるから u は定数になるが、これは仮定された境界条件をみたさない。

例 3.1. Ω を上半平面とし、E を実軸の有限個の線分の和集合とすると、$\omega(z, \Omega, E)$ は z から E を見込む角の総和に $1/\pi$ を掛けたものに等しい。

例 3.2. Ω が円板で、E が中心角が α の円弧であれば、調和測度は $\omega(z) = (2\theta - \alpha)/2\pi$ である。ただし θ は z において E を見込む角を表す。

例 3.3. Ω が円環 $r_1 < |z| < r_2$ で、E が外側の円周 $|z_2| = r_2$ のとき、z における調和測度は $\log(|z|/r_1) : \log(r_2/r_1)$ である。

用途によってはこれよりやや一般的な状況を考えることが望ましい。拡張された平面内の開集合 Ω と閉集合 α に対し、$\Omega \setminus \alpha$ の境界点で α に属するものの集合を E で表す。$\Omega \setminus \alpha$ の各成分につき $\omega(z, \Omega \setminus \alpha, E)$ が定義できる程度には幾何学的状況が簡単であるとしよう。このとき $\omega(z, \Omega \setminus \alpha, E)$ を Ω に関す

る α の調和測度といい、単純化された記号 $\omega(z, \Omega, \alpha)$ で表す。要するに、ω は $\Omega \setminus \alpha$ 内で調和で有界であり、α 上で 1、その他の境界点では 0 であるような関数である。

優化原理（majorization principle）とは次をいう。

定理 3.1. 2 つの対 $(\Omega, \alpha), (\Omega^*, \alpha^*)$ に対し、f は $\Omega \setminus \alpha$ 上解析的で Ω^* に値を持つとし、$z \to \alpha$ のとき $f(z) \to \alpha^*$ であるとする。このとき $\omega(z, \Omega, \alpha) \leq \omega(f(z), \Omega^*, \alpha^*))$ が $f^{-1}(\Omega^* \setminus \alpha^*)$ 上で成立する。

$\omega = \omega(z, \Omega, \alpha), \omega^* = \omega(f(z), \Omega^*, \alpha^*)$ とおき、最大値の原理を $\omega - \omega^*$ に対して $f^{-1}(\Omega^* \setminus \alpha^*)$ の成分上で適用する。z がこの成分の境界に近づくと、z は α 上にない Ω の境界点に近づくか、または $f(z)$ は α^* に近づく。どちらの場合にも $\limsup (\omega - \omega^*) \leq 0$ が、$f(z)$ が $\Omega \setminus \alpha^*$ の α^* 上にある境界弧の端点に集積する場合を除いて成立する。そのような点が高々有限個であれば最大値の原理が使えるので、$f^{-1}(\Omega^* \setminus \alpha^*)$ 上で $\omega \leq \omega^*$ であることが結論できる。

系 3.1. $\omega(z, \Omega, \alpha)$ は Ω と α に関して増加関数である。

証明は定理を恒等写像にあてはめればよい。

定理 3.1 のもう一つの応用を挙げる。Ω^* を円板 $|w| < M$ とし α を閉円板 $|w| \leq m < M$ としよう。この時には

$$\omega(f(z), \Omega^*, \alpha^*) = \frac{\log [M/|f(z)|]}{\log M/m}$$

であるから「二定数定理」（定理 3.2）を得る。

定理 3.2. Ω 上で $|f(z)| \leq M$ であり、α 上で $|f(z)| \leq m$ ならば、$|f(z)| \leq m^\theta M^{1-\theta}$ が $\omega(z, \Omega, \alpha) \geq \theta$ となる部分で成り立つ。

領域が両方とも円環の場合に定理を適用すれば、**アダマールの三円定理**が得られる。これは行列式を用いた不等式

$$\begin{vmatrix} 1 & 1 & 1 \\ \log r & \log \rho & \log R \\ \log M(r) & \log M(\rho) & \log M(R) \end{vmatrix} \leq 0 \qquad (3.1)$$

$(r < \rho < R)$ として書くと整った形になる。ただし $M(r)$ は $|z| = r$ 上の $|f(z)|$ の最大値である。この不等式は $\log M(r)$ が $\log r$ の凸関数であることを表しているが、もちろんこれは（$\log |f(z)|$ に限らず）劣調和関数の最大値がみたす性質でもある。

3.2. 半平面内の応用

以下の3つの定理は優化原理の典型的な応用である。

定理 3.3. $f(z)$ は $y > 0$ で解析的かつ有界であり、実軸上では連続であるとする。このときもし $x \to +\infty$ のとき $f(x) \to c$ ならば、任意の角領域 $0 \le \arg z \le \pi - \delta \, (\delta > 0)$ 内で $f(z) \to c$ である。

証明. この半平面上で $|f(z)-c| < 1$ であり、かつ $x > x_0$ のとき $|f(z)-c| < \epsilon$ であるとしても構わない。2定数定理より、$\arg(z - x_0) < \pi - \delta/2$ のとき $|f(z) - c| < \epsilon^{\delta/2\pi}$ であり、特にこの不等式は $|z| > x_0$ かつ $\arg z < \pi - \delta$ であれば成立する。

定理 3.4. （フラグメン・リンデレーフの原理） $f(z)$ は $y > 0$ 上解析的であり、実軸上で連続で $|f(x)| \le 1$ をみたすとする。このとき半平面全体で $|f(z)| \le 1$ であるか、または f の $|z| = r$ 上の最大絶対値 $M(r)$ は $\liminf_{r\to\infty} r^{-1} \log M(r) > 0$ をみたす。

証明. 図3.1において、半円の調和測度は $2\theta/\pi$ である。よって $|f(z)| \le M(R)^{2\theta/\pi}$. 他方、$z$ を固定して $R \to \infty$ としたとき $R\theta$ は有限確定値に収束する。これより定理が従う。

定理 3.5. （リンデレーフ）$f(z)$ は半平面上解析的かつ有界とし、∞ に達するある曲線 γ に沿って $f(z) \to c$ であるとする。このとき境界が実軸に接しない任意の角領域内で $z \to \infty$ のとき一様に $f(z) \to c$.

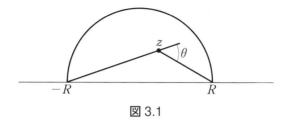

図 3.1

証明. $c = 0$ かつ $|f(z)| \le 1$ であるとして構わない。γ をこれと $|z| = R$ との最後の交点から先の部分で置き換える（図 3.2 を参照）。この曲線は $\{|z| > R, \operatorname{Im} z > 0\}$ を 2 つの領域 Ω', Ω'' に分ける。ここで γ 上では $|f(z)| < \epsilon$ であるとしてもよい。調和測度 $\omega(z, \Omega', \gamma)$ は $\{|z| > R\}$ に関する $[R, +\infty]$ の調和測度以上である。後者を $\omega(z, R)$ で表すとき、明らかに $\omega(z, R) = \omega(z/R, 1)$ であるが、$\omega(z, 1)$ は円弧 $\{|z| = 2, \arg z \le \pi - \delta\}$ 上で正の最小値 λ を持つ。これより $|z| = 2R, z \in \Omega'$ かつ $\arg z \le \pi - \delta$ のとき $|f(z)| \le \epsilon^\lambda$ となる。この評価式は $z \in \Omega'', \arg \delta \ge \delta$ のときにも成り立つので定理の証明が終わる。

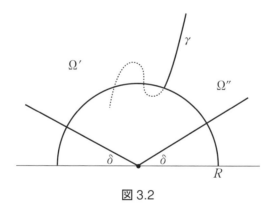

図 3.2

系 3.2. 半平面上の有界な解析関数は ∞ へと至る 2 つの路に沿って相異なる極限値へと収束することはない。

∞ に達する経路に沿う関数の極限は**漸近値**と呼ばれる。系の主張は、有界

な解析関数は半平面上で相異なる二つの漸近値を持ちえないということである。半平面を角領域で置き換えてもこれは正しい。

3.3.　ミルーの問題

$f(z)$ は単位円板 Δ 上で解析的で $|f(z)| \leq M$ であるとしよう。さらに $|f(z)|$ の円周 $\{|z| = r\}$ 上における最小値は $0 < r < 1$ のとき $\leq m < M$ であるとしよう。与えられた点 z_0 において $|f(z_0)|$ がどれだけ大きくなりうるかを知りたい。これは調和測度にとって格好の問題設定である。実際、ある集合 α 上で $|f(z)| \leq m$ であり、それ以外では $|f(z)| \leq M$ であることから、二定数定理により $|f(z_0)| \leq m^\omega M^{1-\omega}$ となる。ただし ω は Δ に関する z_0 での α の調和測度である。よって ω の下限を知る必要があるが、それは α の形によるのではなく、α がこれらの同心円すべてに交わることだけを使って求まるものでなければならない。

この問題はミルー [38] によって提出され、多大な興味を引き起こした。そしてネヴァンリンナ [44] とボイリング [6] により独立に解決された。ここではこの解へと至る道をたどってみよう。

回転対称性により、z_0 は正の実数であるとしてよいので、$z_0 = r_0 < 1$ とおく。ω は α が区間 $(-1, 0]$ のとき最小になることが予測されるが、以下では実際にそういう結論を導くであろう。$\alpha = (-1, 0]$ の時に $\omega_0 = \omega(r_0)$ が

$$1 - \omega_0 = \frac{4}{\pi} \arctan \sqrt{r_0}$$

で与えられることは容易にわかる。

もし $\omega(z_0, \Delta, \alpha) \geq \omega_0$ が言えれば、上の条件をみたす f だけでなく、$\Delta \setminus \alpha$ 上で解析的であり $z \to \alpha$ のとき $\limsup |f(z)| \leq m$ をみたす f に対しても、$|f(z_0)| \leq m^{\omega_0} M^{1-\omega_0}$ が成り立つことがわかる。実際、最大値の原理は $\log |f(z)|$ に対して用いられるので、$f(z)$ が一価でなくても $|f(z)|$ がそうでありさえすればよい。よってこの解はより広い範囲の関数に対して適用でき、この範囲の関数に対して最良の評価を与えるのだが、最初の（Δ 上の関数に限定した）問題の最良の解であるというわけではない。この最良解は知られている

（ハインズ [30]）のだが、ここでは $\omega(z_0)$ の下からの最良評価を求めるという、より簡単な問題を解くにとどめよう。

ミルー以前にも、重要な特殊な場合がカーレマン [12] によって扱われていた。

カーレマンは $\Delta \setminus \alpha$ が単連結な場合を調べた。このとき $\Delta \setminus \alpha$ は $\log z$ の一つの分枝により写像でき、その像領域は左半平面に含まれ、それと虚軸に平行な直線の交わりの全長は 2π を超えない。等角不変性により、$1 - \omega(r_0)$ は像の境界の虚軸上にある部分 E の $\log r_0$ における調和測度である。この値は、左半平面全体に関する E の調和測度で押さえられる。$\log r_0$ から一定の長さの集合を見込む角の総和は、実軸に関して対称な線分において最大となる。よって

$$1 - \omega(r_0) \leq \frac{2}{\pi} \arctan \frac{\pi}{\log (1/r_0)}. \tag{3.2}$$

これは（上の予測と比べると）たいへん不十分な評価式であるが、その理由はこの場合、半平面は平面領域の像であるというよりも無限葉のリーマン面の像になっている（と見る方が良い）からである。カーレマンはこれを改良するために次のアイディアを用いた。α 上で $|f| \leq 1$ であるとし、$M(r)$ で f の $|z| = r$ 上での最大値を表す。(3.2) を半径 $r > r_0$ の円板上で用いると

$$\frac{\log M(r_0)}{\log M(r)} \leq \frac{\pi}{2} \arctan \frac{\pi}{\log (r/r_0)} \tag{3.3}$$

となる。r_0 を r に近づけると、これは微分不等式

$$\frac{d \log M(r)}{d \log r} \geq \frac{2}{\pi^2} \log M(r)$$

となり、r_0 から1まで積分すると

$$\log \log M(1) - \log \log M(r_0) \geq \frac{2}{\pi^2} \log \frac{1}{r_0} \tag{3.4}$$

［暗黙裏に $M(r)$ の可微分性を仮定したが、これは (3.3) から直接 (3.4) を導くことにより回避できる。］

(3.4) を $\log |f| = 1 - \omega$ に適用して評価式

$$1 - \omega(r_0) \leq r_0^{2/\pi^2}$$

を得る。これは (3.2) の改良型になっているが、より重要な長所はこれにより α の密度を評価に反映させられることである。これを実行するため、$\theta(r)$ で $|z| = r$ における α の補集合を原点が見込む角度の総和を表す。すると (3.3) は

$$\frac{d \log M(r)}{d \log r} \geq \frac{4}{\pi \theta(r)} \log M(r)$$

と書き換えられ、その結果

$$\log \log M(1) - \log \log M(r_0) \geq \frac{4}{\pi} \int_{r_0}^{1} \frac{dr}{r \theta(r)}$$

となるので、最終的に

$$1 - \omega(r_0) \leq \exp \left[-\frac{4}{\pi} \int_{r_0}^{1} \frac{dr}{r \theta(r)} \right]$$

が得られる。

　これは最良というわけではないが、ともかく非常に初等的な方法でここまで良い不等式が求められたということを強調したい。

　ここでボイリングの解に移るが、これはより一般的な問題の解である。α を Δ 内の閉集合とし、α^* をその $(-1, 0]$ への円弧に沿う射影とする。つまり α^* は $|z| = r$ をみたす $z \in \alpha$ に対する $-r$ を集めたものとする。

定理 3.6.（ボイリング）　$\omega(r_0, \Delta, \alpha) \geq \omega(r_0, \Delta, \alpha^*)$.

　証明は（ω の適切な定義をふまえて）任意の α に対して実行できるが、ここでは α^* が有限個の線分から成る場合にとどめよう。この場合には $\omega^*(z) = \omega(z, \Delta, \alpha^*)$ の存在は明白である。$\omega(z, \Delta, \alpha)$ の存在は仮定に含まれるとしよう。

　関数

$$g(z, \zeta) = \log \left| \frac{1 - \bar{z}\zeta}{z - \zeta} \right|$$

はζに極を持つ Δ のグリーン関数であり、不等式

$$g(|z|, |\zeta|) \le g(z, \zeta) \le g(|z|, |\zeta|) = g(-|z|, -|\zeta|) \tag{3.5}$$

をみたす。グリーンの公式により

$$\omega^*(z) = -\frac{1}{\pi} \int_{\alpha^*} g(\zeta, z) \frac{\partial \omega^*(\zeta)}{\partial n} |d\zeta| \tag{3.6}$$

を得る。ただし積分するにあたっては（α^* に沿う）相等しい二つの法線微分を足し合わせた。これらは内向きのもので、従って負である。

(3.6) において各点 $\zeta \in \alpha^*$ を $|\zeta'| = |\zeta|$ をみたす $\zeta' \in \alpha$ で置き換える。この操作は $g(\zeta', z)$ が可測関数になるように行うことが可能だから、関数

$$u(z) = -\frac{1}{\pi} \int_{\alpha^*} g(\zeta', z) \frac{\partial \omega^*(\zeta)}{\partial n} |d\zeta|$$

を定義することができる。

明らかに u は $\Delta \setminus \alpha$ 上で調和であり、$|z| = 1$ 上で $u = 0$ である。(3.5) により $\Delta \setminus \alpha$ 上で $u(z) \le \omega^*(-|z|) \le 1$ であるから、最大値の原理より $u(z) \le \omega(z)$ である。他方、再び (3.5) より $u(r_0) \ge \omega^*(r_0)$ なので、$\omega(r_0) \ge \omega^*(r_0)$ が示せた。

3.4. アダマールの定理の精密形

定理 3.2 すなわち二定数定理から導いたアダマールの三円定理に戻ろう。$f(z)$ は $1 \le |z| \le R$ 上解析的で、$|z| = 1$ 上で $|f| \le 1$ であり、$|z| = R$ 上で $|f| \le M\ (M > 1)$ であるとする。このとき不等式 (3.1) は

$$\log M(r) \le \frac{\log r}{\log R} \log M$$

となり、等号は

$$\log |f(z)| = \frac{\log |z|}{\log R} \log M$$

のときに限り成立する。また、このとき

$$\int_{|z|=r} \frac{\partial \log |f|}{\partial r} r d\theta = 2\pi \frac{\log M}{\log R}$$

であるが、$f(z)$ が一価であれば（それは仮定しているが）左辺は 2π の整数倍なので、等号は M が R の整数べきのときに限る。そうでない場合には $M(r)$ の評価はさらに良くなるはずなので、r, R, M を任意に与えて最良の評価を求めることが興味深い問題となる。

　この問題はタイヒミュラー [62] によって解かれ、独立にハインズ [29] によっても解かれた。タイヒミュラーの解の方がより具体的なので、ここではそれを紹介しよう。

　$1 < \rho < R$ をみたす ρ を固定し、円環 $1 < |z| < R$ 上の $-\rho$ を極とするグリーン関数を $g(z) = g(z, -\rho)$ とする。外側の円の調和測度を $\omega(z) = \log |z| / \log R$ で表す。

補題 3.1. $g(z)$ は $|z| = r$ において $-r$ で最大値をとり r で最小値をとる。その結果、動径方向の微分 $\partial g / \partial r$ は $|z| = R$ において R で最大値をとり、$|z| = 1$ において 1 で最小値をとる。さらに、$g(r)$ は $\log r$ について狭義の凹関数である。つまり $rg'(r)$ は $1 < r < R$ において狭義の減少関数である。

　証明.　$z = re^{i\theta}$ と書き、調和関数 $\partial g / \partial \theta$ を考える。この関数は $|z| = 1$ および $|z| = R$ 上で 0 になり、実軸上でも対称性により 0 である。極の近傍での挙動は

$$\mathrm{Im}\left[z \frac{d}{dz} \log (z + \rho) \right] = \mathrm{Im}\left[\frac{z}{z + \rho} \right]$$

と同様だが、この関数は上半平面上で正である。よって $\partial g / \partial \theta$ が円環の上半部で成り立つので、最大値と最小値についての主張が示された。$\partial g / \partial r$ の最大値と最小値についての主張はその自明な帰結である。

　調和関数に対する三円定理は、調和関数の $|z| = r$ における最大値が $\log r$ の凸関数であり、調和関数が $a \log |z| + b$ という特別な形であるとき以外は、それが狭義の凸関数であることを言っている。従って、$g(r)$ の最小値は区間 $(1, \rho)$ と (ρ, R) 上で凹であり、従って $rg'(r)$ は $(1, R)$ 上で減少である。仮に

$g(r)$ がある区間上で $a \log r + b$ に等しければ $g(z) = a \log |z| + b$ が対応する円環上で成立することになるが、このとき解析関数 $r\partial g/\partial r - i\partial g/\partial \theta$ は（一致の定理により）定数になってしまい、$-\rho$ で特異性があるのでそれは無理である。

定理 3.7. $f(z)$ は $1 \le |z| \le R$ 上解析的で、$|z| = 1$ 上で $|f(z)| \le 1$ であり、$|z| = R$ 上で $|f(z)| \le M$ であるとする。整数 m を $R^{m-1} < M \le R^m$ で定める。このとき

$$\log M(\rho) \le \frac{\log M \log \rho}{\log R} - g(-\rho, \frac{R^m}{M}) \tag{3.7}$$

であり、等号は

$$\log |f(z)| = \omega(z) \log M - g(z, \frac{R^m}{M}) \tag{3.8}$$

のときに限る。

　証明. 最大値 $M(\rho)$ が $-\rho$ でとられるとしてもよい。f の零点を $a_1, \ldots, a_N$ で表し、円環の境界全体を $\mathcal{C}$ で表す。グリーンの公式より

$$\log |f(-\rho)| = \frac{1}{2\pi} \int_{\mathcal{C}} \log |f| \frac{\partial g}{\partial n} |dz| - \sum_1^N g(a_i) \tag{3.9}$$

および

$$\frac{1}{2\pi} \int_{\mathcal{C}} \log |f| \frac{\partial \omega}{\partial n} |dz| + \sum_1^N \omega(a_i) = \frac{1}{2\pi} \int_{|z|=R} \frac{\partial \log |f|}{\partial n} |dz|.$$

後の式の右辺が整数であることと、f が一価であることの同値性を観察されたい。ここでの問題は、ディオファントス条件

$$\frac{1}{2\pi} \int_{\mathcal{C}} \log |f| \frac{\partial \omega}{\partial n} |dz| + \sum_1^N \omega(a_i) \equiv 0 \pmod 1 \tag{3.10}$$

の下で、(3.9) を最大化することである。

　まず $g(a_i) \ge g(|a_i|)$ に注意しよう。これは補題 3.1 より

$$\omega(a_i) = \omega(|a_i|)$$

であることから成立する。よって a_i はすべて正であると仮定してよい。
$|z| = 1$ 上で $\log|f| = -u_1$, $|z| = R$ 上で $\log|f| = \log M - u_2$ とおくと、
u_1, u_2 は非負である。法線微分 $\partial g/\partial n$ （外向き）は $|z| = 1$ 上で $\leq -g'(1)$ で
あり、$|z| = R$ 上で $\leq g'(R)$ である。

これらの評価式と関係式

$$-\frac{1}{2\pi}\int_{|z|=R}\frac{\partial g}{\partial n}|dz| = \omega(-\rho) = \frac{\log\rho}{\log R}$$

を用いれば、(3.9) より

$$\log|f(-\rho)| \leq \frac{\log M\log\rho}{\log R} - \frac{g'(1)}{2\pi}\int_{|z|=1}u_1 d\theta + \frac{Rg'(R)}{2\pi}\int_{|z|=R}u_2 d\theta - \sum_1^N g(a_i)$$

$$(3.11)$$

が従う。ここで等号は u_1 と u_2 が恒等的に 0 であるときに限る。記号をさら
に単純化するため、$g(r) = h[\omega(r)]$, $\omega(a_i) = t_i$,

$$A_1 = (2\pi\log R)^{-1}\int_{|z|=1}u_1 d\theta, \quad A_2 = (2\pi\log R)^{-1}\int_{|z|=R}u_2 d\theta$$

とおく。

これらを用いて (3.11) を書くと

$$\log|f(-\rho)| \leq \frac{\log M\log\rho}{\log R} - A_1 h'(0) + A_2 h'(1) - \sum_1^N h(t_i) \qquad (3.12)$$

となり、(3.10) は

$$A_1 - A_2 + \sum_1^N t_i \equiv -\frac{\log M}{\log R} \pmod 1 \qquad (3.13)$$

となる。

次の補題を利用しよう。

補題 3.2. $h(t)$ は周期が 1 であり、$h(0) = h(1) = 0$ で、$0 < t < 1$ で $h''(t) < 0$
であるとする。このとき h は劣加法的である。すなわち $h(x+y) \leq h(x)+h(y)$

であり、より一般に、$A_1, A_2 \geq 0$ に対し $h(A_1 - A_2 + t_1 + \cdots + t_N) \leq A_1 h'(0) - A_2 h'(1) + h(t_1) + \cdots + h(t_N)$ である。等号は $A_1 = A_2 = 0$ かつ高々 1 個の t_i 以外は整数であるときに限る。

この補題は (3.12) の関数 h を周期関数として拡張したものに対して適用できる。$\beta = \omega(R^m/M) = m - (\log M / \log R)$ とおくと、

$$h(\beta) = g\left(\frac{R^m}{M}\right) \quad (= g(-\rho, \frac{R^m}{M}))$$

である。ただし m は定理の主張の中の整数とする。

(3.13) と補題 3.2 より

$$h(\beta) = f\left(A_1 - A_2 + \sum_1^N t_i\right) \leq A_1 h'(0) - A_2 h'(1) + \sum_1^N h(t_i)$$

を得、従って (3.12) より

$$\log |f(-\rho)| \leq \frac{\log M \log \rho}{\log R} - g\left(\frac{R^m}{M}\right)$$

であるが、これが (3.7) にあたる。

等号が成り立つ場合には、(3.12) における等号および補題の等号が成立しなければならない。これは $A_1 = A_2 = 0$ であり、かつ f の a_1 での零点の位数が 1 である場合に限る。このとき

$$\log |f(z)| = \omega(z) \log M - g(z, a_1)$$

であり、(3.13) より $t_1 = \omega(a_1) \equiv -\log M / \log R \pmod 1$ であるが、これは $a_1 = R^m/M$ のときのみ可能である。よって (3.8) で定義される関数 f は一価であり、その最大絶対値はすべての ρ に対して $M(\rho)$ を最大化するものである。

補題の証明. 始めの部分については $0 < x < 1$, $0 < y < 1$ を仮定してもよい。$x + y \leq 1$ なら $h'(t + y) < h'(t)$ が $0 < t < x$ に対して成り立ち、従って $h(x + y) - h(y) < h(x)$ である。もし $x + y > 1$ なら $h'(t + y - 1) > h'(t)$

が $x < t < 1$ に対して成り立ち、従って $h(y) - h(x+y-1) > -h(x)$ である
から、いずれの場合にも $h(x+y) < h(x) + h(y)$ である。

この不等式を繰り返して用いれば $h(t_1 + \cdots + t_N) \leq h(t_1) + \cdots + h(t_N)$ と
なり、特に自然数 n に対して $h(t+ns) \leq h(t)+nh(s)$ となる。$s = A_1/n$ とお
き $n \to \infty$ とすれば、$h(t+A_1) \leq h(t)+A_1 h'(0)$ を得る。同様に、$s = -A_2/n$
とおいて $h(t-A_2) \leq h(t) - A_2 h'(1)$ を得る。これらを組み合わせることによ
り求める一般的な不等式が得られる。自明な場合以外は真の不等号が成立する
ことの検証は読者に任せたい。

付記　調和測度の起源をたどることは難しい。というのもこの方法は名前
がつく前に使用されていたからである。例えば 3.2 節におけるリンデレーフの
いくつかの定理は二定数定理に非常に近い方法で証明されていた。カーレマ
ン [12]、オストロフスキー [49] および F. ネヴァンリンナ・R. ネヴァンリンナ
[41] は、この方法を互いに独立に用いていた。harmonische Mass（調和質量）
の名は R. ネヴァンリンナにより解析関数論における有名な著作 [45,46] の中
で用いられた。

定理 3.6 のボイリングの証明は、彼の学位論文 [6] にあるが、これは 1933 年
に出版され、幾何学的関数論に新時代を開いた論文である。この学位論文の影
響は極めて大きかったのだが、それは特定の定理ではなく方法によるもので
あった。タイヒミュラーの仕事は 30 年代の後半から出版されだしたが、論文
の多くが Deutsche Mathematik に掲載されたので、今日ではそれらに接する
ことは容易でない[5]。

練習問題

1　α を凸領域の境界上の弧とする。z における α の調和測度は、z から α
を見込む角の $1/\pi$ 倍を超えないことを示せ。

---

[5]アールフォルスは後にゲーリングと共にタイヒミュラーの論文集（Teichmüüller,
Oswald, *Gesammelte Abhandlungen.* [Collected papers] Edited and with a preface
by Lars V. Ahlfors and Frederick W. Gehring. Springer–Verlag, Berlin–New York,
1982. viii+751 pp.）を編纂し、この状況を改善した。

2　z_0 をジョルダン領域 Ω 内の点とし、円周 $|z - z_0| = R$ が Ω の境界と有限個の点で交わると（問題を簡単にするため）仮定する。f は Ω 上解析的で、すべての点で $|f(z)| \leq M$ であり、円 $|z - z_0| = R$ の内部にある Ω の境界上では $|f(z)| \leq m$ であるとする。このとき Ω の外部にある $|z - z_0| = R$ の弧たちの総角度を θ とすれば、$|f(z_0)| \leq m^{\theta/2\pi} M^{1-\theta/2\pi}$ であることを示せ。

3　h_1, h_2 を区間 $[a, b]$ 上の連続関数で $0 \leq h_1(x) \leq h_2(x)$ をみたすものとする。Ω を $a < x < b$, $-h_1(x) < y < h_2(x)$ で定まる領域とするとき、その境界の上半平面に含まれる部分の実軸上の点での調和測度は高々 $\frac{1}{2}$ であることを示せ。

4　z が二等辺三角形内で底辺に平行に動くとき、この三角形に関する底辺の調和測度 $\omega(z)$ は等辺部から対称軸に向けて増加することを示せ。

5　Ω は原点を含む領域とし、α はその境界の部分集合とする。n は自然数、S は原点を中心とする角度 $2\pi/n$ の回転とし、0 を含む $\Omega \cap S\Omega \cap \cdots \cap S^{n-1}\Omega$ の成分は $\alpha \cup S\alpha \cup \cdots \cup S^{n-1}\alpha$ に含まれると仮定する。このとき $\omega(0, \Omega, \alpha) \geq 1/n$ であることを示せ。

第4章

極値的長さ

4.1. 極値的長さの定義

この章で論ずる幾何学的方法は、等角写像論と、より一般的な擬等角写像論に深遠な影響を及ぼしてきた。これは、もっと古くから**長さと面積の原理**として知られてきた方法に起源を持ち、何名かの数学者によって時折用いられていたが、もっとも系統的に使用したのはグレッチであった。一口で言うなら、長さと面積の原理においてはユークリッド計量に関する長さと面積を用いるが、極値的長さの方法は長さと面積のより一般的な測定法から高度の柔軟性と実用性を引き出している。

Ω を平面領域とし、Γ を Ω 内の求長可能な曲線 γ から成る集合、より一般的にはそのような有限個の曲線の和集合から成る集合とする。（後者を求長可能な 1-チェインともいう。）もし Ω が Ω' に等角に写像されると、Γ は（それに応じて）Γ' へと変換される。当面の目標は、不変性 $\lambda_\Omega(\Gamma) = \lambda_{\Omega'}(\Gamma')$ を持つ数 $\lambda_\Omega(\Gamma)$ を定義することである。

曲線 γ の長さに焦点を合わせることは自然である。しかしながら、長さは等角不変ではないので、ひとまずユークリッド計量に等角同値なすべてのリーマン計量 $ds = \rho|dz|$ を考えよう。このようなリーマン計量の集合は、領域 Ω に等角不変性を伴って付随している。具体的には、等角写像 $z \to z'$ により Ω 上の計量 $\rho|dz|$ は Ω' 上の計量 $\rho'|dz|$ へと $\rho' = \rho|dz/dz'|$ によって変換される。

技術的な理由により、ある程度の可微分性を仮定しておく必要がある。それには多くの仕方が可能だが、ここでは ρ がボレル可測であるという条件を選

ぶ。この状況下ではすべての求長可能な曲線は矛盾なく定義された長さ

$$L(\gamma, \rho) = \int_\gamma \rho|dz| \quad (\in [0, \infty])$$

を持ち、開集合 Ω は ρ に関する面積

$$A(\Omega, \rho) = \int\int_\Omega \rho^2 dxdy$$

を持つ。等角写像によって ρ を上記のように ρ' に変換すれば、明らかに $L(\gamma, \rho) = L(\gamma', \rho')$ であり、かつ $A(\Omega, \rho) = A(\Omega', \rho')$ である。Γ に（のみ）依存する不変量を定義するために最小長

$$L(\Gamma, \rho) = \inf_{\gamma \in \Gamma} L(\gamma, \rho)$$

を導入しよう。ρ が定数倍されても変わらない量を得るため、同次型の式 $L(\Gamma, \rho)^2/A(\Omega, \rho)$ を作る。これらの比の集合は等角不変だから、その上限もそうである。そこで次の定義を採用するに至る。

定義 4.1. Ω 内の Γ の極値的長さとは

$$\lambda_\Omega(\Gamma) = \sup_\rho \frac{L(\Gamma, \rho)^2}{A(\Omega, \rho)}$$

を言う。ただし ρ は $0 < A(\Omega, \rho) < \infty$ をみたすものを動く。

他の正規化条件を用いた別の定義がいくつかある。例えば、$\lambda_\Omega(\Gamma)$ は ρ を $0 < A(\Omega, \rho) \leq 1$ の範囲で動かして $L(\Gamma, \rho)^2$ の上限を取ったものに等しい。これに似た方法だが、$L(\Gamma, \rho) \geq 1$ をみたす ρ は**許容限度内である**ということにし、Γ の Ω に関する**母数**（modulus）を、許容限度内の ρ に対する $A(\Omega, \rho)$ の下限として定義する。このとき $\lambda_\Omega(\Gamma)$ は母数の逆数となり、母数を用いるか極値的長さを用いるかは好みの問題となる。母数を $M_\Omega(\Gamma)$ で表す。

もう一つの便利な正規化があり、それは $L(\Omega, \rho) = A(\Omega, \rho)$ で表される。ρ に関して右辺と左辺の次数が異なるので、この条件は $L(\Gamma, \rho) = 0, \infty$ の場合を除けば ρ を定数倍することによって成立する。この正規化の下では

$$\lambda_\Omega(\Gamma) = \sup L(\Gamma, \rho) = \sup A(\Omega, \rho) \tag{4.1}$$

である。$\lambda_\Omega(\Gamma) = 0$ であるための必要十分条件は「$A(\Omega, \rho) < \infty$ ならば $L(\Gamma, \rho) = 0$」であることに注意しよう。この場合には、$L(\Gamma, \rho) = A(\Gamma, \rho)$ は両辺が0のときだけ可能である。

　等角不変性は定義から直ちに従う。これに加えて指摘しておきたいことは、$\lambda_\Omega(\Gamma)$ はある意味で Γ のみにより、Ω にはよらないことである。これを見るため、$\Omega \subset \Omega'$ とし、Ω 上の ρ に対して Ω 上で $\rho' = \rho$, $\Omega \setminus \Omega'$ 上で $\rho' = 0$ とおく。すると ρ' はボレル測度であり、$L(\Gamma, \rho) = L(\Gamma, \rho')$ かつ $A(\Omega, \rho) = A(\Omega', \rho')$ である。よって $\lambda_{\Omega'}(\Gamma) \geq \lambda_\Omega(\Gamma)$ となる。逆向きの不等式を示すには、Ω' 上の ρ' から始め、ρ としてその Ω 上への制限をとればよい。よって $\lambda_\Omega(\Gamma)$ は Γ に属するすべての曲線を含むすべての開集合 Ω に対して共通の値を取ることがわかった。これに応じて、以後は記号を単純化して $\lambda(\Gamma)$ を用いよう。

4.2. 諸例

　身近な例を挙げるため、より特殊化された**極値的距離**というものを考えよう。Ω を開集合とし、Ω の閉包に含まれる二つの集合 E_1, E_2 を考える。Γ を Ω 内で E_1 と E_2 を結ぶ**連結な曲線**の集合とする。つまり、Γ の要素 γ の端点の一方は E_1 に、他方は E_2 にあり、他のすべての点は Ω 内にあるとする。極値的長さ $\lambda(\Gamma)$ を Ω における E_1 と E_2 の極値的距離といい $d_\Omega(E_1, E_2)$ で表す。こちらは λ_Ω とは違って Ω に実質的に依存する。というのも Γ は Ω によるからである。

　典型的な例は四辺形である。四辺形とはジョルダン領域 Q に境界上の4点を付けたものを言う。これらの点は、境界を向かい合う辺 α, α' および β, β' の二組に分ける。その片方、例えば α, α' を基本対として選ぶことにより、この四辺形には向きがつけられる。この向きづけられた四辺形を $Q(\alpha, \alpha')$ で表そう。以下では極値的距離 $d_Q(\alpha, \alpha')$ を決定したい。

　極値的距離が等角写像で不変であることから、Q をそれに等角同値な長方形 R で置き換えてよい。この写像を、α, α' が $x = 0, x = a$ に β, β' が $y = 0, y = b$ に対応するように選ぶ。すぐわかるように、$\rho = 1$ とすると $L(\Gamma, 1) = a, A(R, 1) = ab$ である。従って $d_Q(\alpha, \alpha') \geq a^2/ab = a/b$ である。

逆に、ρ を正規化条件 $L(\Gamma, \rho) = a$ の下で任意に取れば、

$$\int_0^a [\rho(z) - 1] dx \geq 0$$

となり、従って

$$\int\int_R (\rho - 1) dx dy \geq 0$$

である。これと

$$\int\int_R (\rho - 1)^2 dx dy \geq 0$$

とから

$$A(R, \rho) = \int\int_R \rho^2 dx dy \geq \int\int_R dx dy = ab$$

であるから、すべての ρ に対して $L(\Gamma, \rho)^2 / A(R, \rho) \leq a/b$ である。従って $d_Q(\alpha, \alpha') \leq a/b$ となるので、α と α' の極値的距離が Q に等角同値な長方形の辺の比であることが示せた。α と β を入れ替えれば $d_Q(\beta, \beta') = b/a$ を得る。この二つの極値的距離の積が 1 であることに注意されたい。

Ω, E_1, E_2 で形成される配置に付随する極値的長さの例は他にもある。例えば Γ^* として E_1 と E_2 を分離する Ω 内の曲線 γ^* から成るものをとる。ただしその際 γ^* が非連結であることを許し、いくつかの連結曲線と閉曲線から成っていてもよいとする。これに応じた等角不変量 $\lambda(\Gamma^*)$ を Ω に関する E_1, E_2 の**共役極値的距離**と呼び、$d_\Omega^*(E_1, E_2)$ で表す。

例えば四辺形 Q に対しては明らかに $d_Q^*(\alpha, \alpha') = d_Q(\beta, \beta')$ である。よってこの場合は共役極値的距離は極値的距離の逆数である。この関係が幾何学的に単純なすべての場合に成り立つことを示すであろう。

周知のように、すべての二重連結な円環領域 Ω は円環 $R_1 < |z| < R_2$ に等角同値である。従って、Ω の境界の 2 つの成分を $\mathcal{C}_1$ と $\mathcal{C}_2$ で表せば、極値的距離 $d_\Omega(\mathcal{C}_1, \mathcal{C}_2)$ は円環のそれに等しい。$d_\Omega(\mathcal{C}_1, \mathcal{C}_2) = (1/2\pi) \log(R_2/R_1)$ であることを示すのは読者にとっては容易であろう。共役極値的距離 $d_\Omega^*(\mathcal{C}_1, \mathcal{C}_2)$ は $\mathcal{C}_1$ と $\mathcal{C}_2$ を分離する閉曲線族の極値的長さだから、その値は $2\pi : \log(R_2/R_1)$ である。

4.3. 比較原理

極値的長さの重要性は等角不変性だけにあるのではなく、その上下からの評価が比較的容易であることにもよっている。例えばどんな ρ に対しても $\lambda_\Omega(\Gamma) \geq L(\Gamma, \rho)^2 / A(\Omega, \rho)$ により $\lambda_\Omega(\Gamma)$ の一つの下界が与えられる。これは些細なことのようだが非常に重要である。

その要点の説明のため、この式を四辺形 Q にあてはめよう。δ を α と α' の Q 内の最短距離、すなわち α と α' を Q 内で結ぶ曲線の長さの最小値とする。A を Q の面積とすれば、ただちに $d_Q(\alpha, \alpha') \geq \delta^2 / A$ を得る。同様に、β と β' の最短距離を δ^* とすれば $d_Q^*(\alpha, \alpha') \geq \delta^{*2} / A$ である。d_Q と d_Q^* は互いに他の逆数であるから、双方向の不等式

$$\frac{\delta^2}{A} \leq d_Q(\alpha, \alpha') \leq \frac{A}{\delta^{*2}}$$

を得る。これより幾何学的な意味のある不等式 $\delta\delta^* \leq A$ が従うが、これは極値的長さとも等角写像とも直接には関係がない。

このような即席の評価の他に、次のように定式化される簡単な比較原理が導ける。

定理 4.1. Γ の任意の要素 γ に対し、ある $\gamma' \in \Gamma'$ で $\gamma' \subset \gamma$ をみたすものがあれば、$\lambda(\Gamma) \geq \lambda(\Gamma')$ である。

要するに、含む曲線が少なくて長いほど、極値的長さは長くなる。証明は自明である。実際、これらの極値的長さは同一の Ω に対して定まるが、Ω 上のどの ρ に対しても明らかに $L(\Gamma, \rho) \geq L(\Gamma', \rho)$ であり、これらと（Γ のとり方によらない）$A(\Omega, \rho)$ との比によって λ が決まるので、求める結論が得られる。

系 4.1. 極値的距離 $d_\Omega(E_1, E_2)$ は Ω, E_1, E_2 が増大すれば減少する。

系 4.2. 極値的距離 $d_\Omega(E_1, E_2)$ は Ω, E_1, E_2 が増大すれば減少する。

しかしながら、比較原理は極値的距離に限ってさえこれよりも一般的である。図 4.1 はその四辺形への応用の典型的な例 $d_{\Omega_1}(\alpha_1, \alpha_1') \geq d_{\Omega_2}(\alpha_2, \alpha_2')$ を

示している。

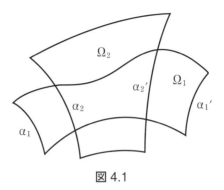

図 4.1

4.4. 合成則

比較原理に加え、3つの極値的長さの間の関係性を表す2つの合成則がある。

定理 4.2. Ω_1 と Ω_2 を互いに交わらない2つの開集合とし、Γ_1, Γ_2 はそれぞれ Ω_1 と Ω_2 内の曲線から成るとし、Γ をもう一つの曲線族とする。

（A）　　すべての $\gamma \in \Gamma$ がある $\gamma_1 \in \Gamma_1$ と $\gamma_2 \in \Gamma_2$ を含めば

$$\lambda(\Gamma) \geq \lambda(\Gamma_1) + \lambda(\Gamma_2). \tag{4.2}$$

（B）　　すべての $\gamma_1 \in \Gamma_1$ とすべての $\gamma_2 \in \Gamma_2$ が $\gamma \in \Gamma$ を含めば

$$\frac{1}{\lambda(\Gamma)} \geq \frac{1}{\lambda(\Gamma_1)} + \frac{1}{\lambda(\Gamma_2)}. \tag{4.3}$$

証明. $\lambda(\Gamma_1)$ または $\lambda(\Gamma_2)$ が退化する（すなわち $= 0$ または $= \infty$）ときには、これらの命題は比較原理から自動的に従う。（A）を非退化の場合に示すため、Ω_1 上の ρ_1 と Ω_2 上の ρ_2 を正規化条件 $L(\Gamma_i, \rho_i) = A(\Omega_i, \rho_i)$ $(i = 1, 2)$ をみたすように選ぶ。$\Omega \supset \Omega_1 \cup \Omega_2$ に対し、Ω_1 上で $\rho = \rho_1, \Omega_2$ 上で $\rho = \rho_2$、$\Omega \setminus \Omega_1 \setminus \Omega_2$ 上で $\rho = 0$ とする。すると ρ はボレル可測であり、自動的に

$$L(\Gamma, \rho) \geq L(\Gamma_1, \rho_1) + L(\Gamma_2, \rho_2)$$

であり、かつ

$$A(\Omega, \rho) = A(\Omega_1, \rho_1) + A(\Omega_2, \rho_2) = L(\Gamma_1, \rho_1) + L(\Gamma_2, \rho_2)$$

であるので $\lambda(\Gamma) \geq L(\Gamma_1, \rho_1) + L(\Gamma_1, \rho_2)$ となり、(4.2) が従う。

(B) についてだが、Ω 上の ρ を $L(\Gamma, \rho) = 1$ をみたすように取ると、$L(\Gamma_1, \rho) \geq 1, L(\Gamma_2, \rho) \geq 1$ なので

$$A(\Omega\rho) \geq A(\Omega_1, \rho) + A(\Omega_2, \rho) \geq \frac{1}{\lambda(\Gamma_1)} + \frac{1}{\lambda(\Gamma_2)}.$$

一方、このような $A(\Omega, \rho)$ の上限が $1/\lambda(\Gamma)$ だったので (4.3) が従う。

以下の図はこれらの合成則をよく例示している。

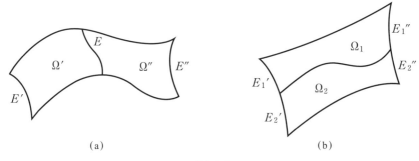

(a)　　　　　　　　　　　(b)

図 4.2

図 4.2a において、Ω は $\Omega' \cup \Omega'' \cup E$ の開核である。明らかに Ω 内を通る E' から E'' への曲線は Ω' 内の E' から E への曲線と Ω'' 内の E から E'' への曲線を含む。従って第1の合成則より

$$d_\Omega(E', E'') \geq d_{\Omega'}(E', E) + d_{\Omega''}(E, E''). \tag{4.4}$$

図 4.2b において Ω は $\overline{\Omega_1} \cup \overline{\Omega_2}$ の開核である。Ω_1 における E_1' から E_1'' への曲線と Ω_2 における E_2' から E_2'' への曲線は Ω における $E' = E_1' \cup E_2'$ から $E'' = E_1'' \cup E_2''$ への曲線である。第2の合成則により

$$d_\Omega(E', E'')^{-1} \geq d_{\Omega_1}(E_1', E_1'')^{-1} + d_{\Omega_2}(E_2', E_2'')^{-1}. \tag{4.5}$$

この場合、極値的距離と共役極値的距離は互いに逆数であるから、(4.3) と (4.4) はたまたま同じ事実を表現している。しかしこのことは一般的には正しくない。

4.5.　積分不等式

合成則はもちろん任意有限個の領域に適用できるが、(4.4) の積分型もあるということは面白いだろう。

図 4.3 において、Ω は $x = a$ と $x = b$ で囲まれた領域である。$\theta(t)$ は $x = t$ と Ω の交わりの長さを表している。Δt が小であれば t と $t + \Delta t$ に対応する遮断路間の極値的距離は、ほぼ $\Delta t / \theta(t)$ である。従って (4.4) の積分型は

$$d_\Omega(E_1, E_2) \geq \int_a^b \frac{dx}{\theta(x)} \tag{4.6}$$

である。

この不等式を証明するためには $\rho(x, y) = 1/\theta(x)$ とおけば十分である。実際、垂直な両端どうしを結ぶ曲線の、この計量に関する長さは少なくとも $\int_a^b \frac{dx}{\theta(x)}$ だが、この積分は ρ に関する Ω の面積でもあるからだ。

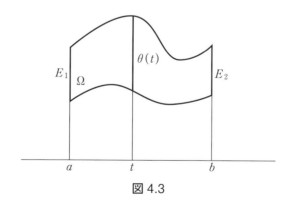

図 4.3

従って (4.6) は極値的長さの定義の直接の帰結である。簡単のために各遮断路は一本の線分であると仮定した。この場合 $\theta(x)$ は下半連続で、ρ は確かにボ

レル可測になっている。線分の数が複数ならば、$\theta(x)$ としてこれらの長さの最小値をとることができる。

積分 (4.6) はこことはやや異なる文脈でアールフォルスにより導入された。4.13 節ではこの話題に戻るつもりである。

4.6. 素端

極値的長さの重要な応用として、互いに等角に写像されあう 2 つの単連結領域間の境界対応がある。カラテオドリーによる境界対応の古典的理論は**素端** (prime end) の概念に基礎づけられている。この節では極値的長さを用いて素端を等角不変な対象として定義できることを示そう。この定義を経由すれば、カラテオドリオドリーの主定理は自明な命題となる。当然ながら、素端のこの等角不変な定義が元の定義と一致することを示す必要があるが、この事実は比較原理の単純な帰結として現れるであろう。

Ω を単連結な平面領域とする。Ω の**クロスカット**とは、Ω 内のジョルダン曲線 γ で両端が境界に集積するものをいう。周知のように、このとき $\Omega \setminus \gamma$ は 2 つの単連結な成分から成り、γ は各成分の相対境界となる。(素端の定義には) クロスカットよりもやや一般的な、**クロスカット塊**という概念が必要である。クロスカット塊とは有限個のクロスカットの和集合で連結なものをいうが、簡単のためこれらを単に**クラスター**と呼ぶ。クラスター γ が Ω の 2 点を分離するとは、その 2 点が $\Omega \setminus \gamma$ の相異なる成分に属することをいう。

$z_0 \in \Omega$ を固定し、Ω 内の点列 $a = \{a_n\}$ について、ほとんどすべての (有限個の例外を除いてすべての) a_n と z_0 を分離するクラスター全体の集合を Γ_a で表す。

定義 4.2. $\lambda(\Gamma_a) = 0$ をみたす点列 a を**基本列**と呼ぶ。

$\lambda(\Gamma_a) = 0$ とは、$A(\Omega, \rho) < \infty$ をみたすすべての ρ に対して $\inf_{\gamma \in \Gamma_a} L(\gamma, \rho) = 0$ であるということを思い出しておこう。$A(\Omega, \rho) < \infty$ は特に ρ が球面計量 ρ_0 である場合にはみたされる。基本列の定義が z_0 のとり方によらないことを示そう。z_0' を他の点とし、これに応じたクラスター

の集合を Γ'_α で表す。z_0 と z'_0 を Ω 内の曲線 c で結び c から Ω の境界まで
の球面距離を d で表す。$\lambda(\Gamma_a) = 0$ としたとき、もし $A(\Omega, \rho) < \infty$ ならば
$A(\Omega, \rho + \rho_0) < \infty$ なので、$L(\gamma, \rho + \rho_0)$ が任意に小さい $\gamma \in \Gamma_a$ が存在する。
このとき $L(\gamma, \rho)$ と $L(\gamma, \rho_0)$ も任意に小になる。$L(\gamma, \rho_0) < d$ ならば明らかに
$\gamma \in \Gamma'_a$ となるから $L(\Gamma'_a, \rho) = 0$ でなければならず、よって $\lambda(\Gamma'_a) = 0$ でなけ
ればならない。

　基本列間の同値関係が必要である。これを定義するため、2つの列 a, b の関
係 $\lambda(\Gamma_{a,b}) = 0$ が推移的であること、言い換えれば $a \cup b$ と $b \cup c$ が基本列なら
$a \cup c$ もそうであることを示そう。

　$\gamma \in \Gamma_{a \cup b}$ かつ $\gamma' \in \Gamma_{b \cup c}$ としよう。もし γ と γ' が交われば、明らかに $\gamma \cup \gamma'$
もクラスターであり、かつ $\Gamma_{a \cup c}$ に属する。この性質を用いるので、個々のク
ロスカットよりもクラスターというものを考えるのである。

　γ と γ' が交わらない場合、γ は $\Omega \setminus \gamma'$ の一つの連結成分に含まれ、γ' は
$\Omega \setminus \gamma$ の連結成分に含まれる。Ω_0 と Ω'_0 でそれぞれ $\Omega \setminus \gamma$ と $\Omega \setminus \gamma'$ の連結成分
のうち z_0 を含むものを表す。次の2つの場合に分けて考えよう。

1)　　$\gamma' \not\subset \Omega_0$. このとき有限個の例外を除けば a_n と b_n は Ω_0 に含まれ
ない。よって $\gamma \in \Gamma_{a \cup c}$ である。

2)　　$\gamma' \subset \Omega_0$ のとき、b_n を z_0 と γ, γ' で分離されるようにとる。b_n を
含む $\Omega \setminus \gamma$ の成分を Ω_1, $\Omega \setminus \gamma'$ の成分を Ω'_1 とすると、$\Omega_1 \subset \Omega'_1$ である。何と
なれば、そうでなければ Ω_1 は Ω'_1 の相対境界上の1点を含み、従って γ' 上の
点で Ω_0 に含まれるものを含むことになるので、Ω_0 と Ω_1 が交わらないことに
反するからである。よって γ と γ' の役割を入れ替えればこの場合は上記に帰
着する。よって $\gamma' \in \Gamma_{a \cup c}$ である。

　どちらの場合にも $\gamma \cup \gamma', \gamma$ または γ' が $\Gamma_{a \cup c}$ に属することが言えたので、
$\lambda(\Gamma_{a \cup c}) = 0$ となり、よって推移性が確立された。これで次の定義が内容のあ
るものになる。

定義 4.3. 同値関係 $\lambda(\Gamma_{a\cup c}) = 0$ による基本列の同値類を Ω の素端という。

　f を Ω から他の領域 Ω' への等角写像とする。極値的長さの等角不変性により列 $\{a_n\}$ と $\{f(a_n)\}$ は同時に基本列になるので、f は Ω の素端全体の集合から Ω' のそれへの 1 対 1 の写像を誘導する。

　基本列をより直接的に理解する方法を知った後では、この事実は非常に実質的な意味を持って来る。その方法とは次の定理が述べるところであるが、要は上の定義がカラテオドリーによる元の定義と一致することである。

定理 4.3. $\{a_n\}$ が基本列であるためには、ある点 $z_0 \in \Omega$ が球面計量に関して任意に小さい直径を持つクロスカットによってほとんどすべての a_n から分離できることが必要かつ十分である。

　必要性の部分に関しては、任意小の長さの（したがって任意小の直径の）クラスターにより z_0 はほとんどすべての a_n から分離できることはすでに注意した。この分離性が単一の短いクロスカットで実現できることを言いたいが、そのために補題が一つ必要である。

補題 4.1. Ω は単連結な領域とし、σ は互いに交わらないクロスカット γ たちから成る、離散的な、つまり Ω の内部に集積しない集合族の和集合とする。このとき 2 点 $p, q \in \Omega$ が σ によって分離されれば、それらはどれか一つの γ によっても分離される。

　証明．$\Omega \setminus \sigma$ の成分で p を含むものを Ω_0 とする。p から q までを Ω 内の曲線 c で結び、p_0 を Ω_0 の境界と交わる c 上の最後の点とする。その点を含む σ 内のクロスカットを γ_0 としたとき、γ_0 が p と q を分離することを示そう。離散性により、一つのクロスカット上の各点は、他のクロスカットと交わらない近傍を持つ。Ω' を $\Omega \setminus \gamma_0$ の成分で Ω_0 を含むものとする。離散性より γ_0 は $\Omega_0 \cup \gamma_0$ の $\Omega' \cup \gamma_0$ に関する相対境界には含まれない。q が Ω' に属したとしてみよう。$\Omega_0 \cup \gamma_0$ は連結であり、p_0 はこれに属し、しかも c の部分弧 $p_0 q$ は $\Omega' \cup \gamma_0$ に属すが、$\Omega_0 \cup \gamma_0$ の相対境界とは交わらない。すると $q \in \Omega_0 \cup \gamma_0$ となるが、これは σ が p と q を分離するという仮定に反する。よって γ_0 が p と

q を分離することが示された。

定理の証明.　　d を z_0 から Ω の境界までの距離とし、正数 $\delta < d$ を選ぶ。$\{a_n\}$ が基本列ならば、直径が δ より小さいクラスターで z_0 をほとんどすべての a_n から分離するものが存在する。γ の一つの端点を中心とし、半径が δ の円周を $\mathcal{C}$ とすると、$\sigma = \Omega \cap \mathcal{C}$ は互いに素で離散的なクロスカットの集合になる。補題により、これらのクロスカットの一つは z_0 を γ から分離し、従ってほとんどすべての a_n からも分離する。その直径は高々 2δ なので任意に小さい。

逆を示すため、$\gamma_0 \in \Gamma_a$ を直径が $\delta < d$ のクロスカットとする。この一つの端点を中心として、半径が δ と d の二つの円 $\mathcal{C}_1$ と $\mathcal{C}_2$ を描く。$\mathcal{C}_1$ と $\mathcal{C}_2$ を分離する単純閉曲線は、Ω 内で z_0 と γ_0 をも分離する。補題により、その曲線は z_0 と γ_0 を分離するクロスカットを含み、このクロスカットは z_0 とほとんどすべての a_n を分離するので Γ_a に属するが、比較原理により $\lambda(\Gamma_a) \leq d^*(\mathcal{C}_1, \mathcal{C}_2)$（$\mathcal{C}_1$ と $\mathcal{C}_2$ の共役極値的距離）である。d と δ がユークリッド計量に関する半径であれば、$d^*(\mathcal{C}_1, \mathcal{C}_2)$ は $2\pi : \log(d/\delta)$ に等しいが、これより球面計量で測っても $\delta \to 0$ のとき $d^*(\mathcal{C}_1, \mathcal{C}_2) \to 0$ となることは明白である。δ が任意に小さく選べることから、これより $\lambda(\Gamma_a) = 0$ が得られる。

Ω が単位円板であれば、定理から直ちに、点列が基本列であるためにはそれが単位円周上の一点に収束することが必要かつ十分であることが従う。つまりこの場合には素端は境界点と同一視できる。これがジョルダン領域のときにも同様であることは、非常に初等的なトポロジーによって難なく示せることである。従って、一つのジョルダン領域から他のジョルダン領域への等角写像は、それらの閉包間の同相写像へと拡張できる。これは等角写像に関する基本的な定理である。

任意の単連結領域 Ω に関しては、ただし全平面を例外としてだが、単位円板上への等角写像は素端の集合から単位円周への 1 対 1 の対応を誘導する。これより特に素端の集合には自然な向きがつくから、4 つの素端の複比について論ずることが可能になる。

　素端の使用法をさらに例示するため、ジョルダン領域 Ω に境界点と内点を結ぶジョルダン弧の形で切り込み c が入ったものを考えよう。c 上の点は $\Omega \setminus c$ の境界上にあるが、c の内点は重複して数えなければならない。このことは、c の各内点に2つの相異なる素端が付随していると思うことにより、完全に厳密化される。重複度の高い境界点についても同様の言い換えができる。

　一般の場合、一つの素端の**集積集合**は、その素端の同値類に属する収束基本列の極限全体から成る集合として定義される。この集合が閉集合であることや連結であることは容易に示せる。相異なる素端が同一の集積集合をもつことはあり得る。

　図4.4は複数の点を含む集積集合の例を示している。第2の例では2つの相異なる素端が一つの集積集合を与えている。

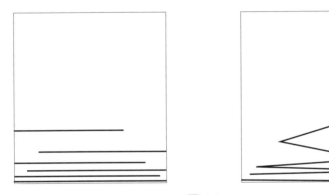

図 4.4

4.7. 極値的計量

　Ω 内の集合族 Γ に対して計量 ρ_0 が極値的であるとは、$L(\Gamma, \rho_0)^2 / A(\Omega, \rho_0)$ がその最大値 $\lambda_\Omega(\Gamma)$ に等しいことをいう。極値的長さを求める計算は、何がこの極値的計量になるかの見当をうまくつけて、それが実際に極値的であることを示す作業になる。

　この問題は逆転させることもできる。つまり ρ_0 が与えられたとき、これが

どんな Γ に対して極値的になるかというのである。未公表の論文において、ボイリングは次のように優美で実用的な判定法を与えた。

定理 4.4. 計量 ρ_0 は、Γ が以下の性質を持つ部分族 Γ_0 を含むとき極値的である。

i) すべての $\gamma \in \Gamma_0$ に対し

$$\int_\gamma \rho_0 |dz| = L(\Gamma, \rho_0);\qquad(4.7)$$

ii) Ω 上の実数値関数 h がすべての $\gamma \in \Gamma_0$ に対して

$$\int_\gamma h|dz| \geq 0 \qquad(4.8)$$

をみたせば

$$\int\int_\Omega h\rho_0 dxdy \geq 0. \qquad(4.9)$$

証明. ほとんど自明である。ρ を

$$L(\Gamma, \rho) = L(\Gamma, \rho_0)$$

により正規化すれば、

$$\int_\gamma \rho |dz| \geq \int_\gamma \rho_0 |dz|$$

がすべての $\gamma \in \Gamma_0$ に対して成り立つ。従って (4.8) は $h = \rho - \rho_0$ に対して成り立つ。よって (4.9) より

$$\int\int_\Omega (\rho\rho_0 - \rho_0^2)dxdy \leq 0$$

となり、シュワルツの不等式を使えば

$$\int\int_\Omega \rho_0^2 dxdy \leq \int\int_\Omega \rho^2 dxdy$$

となるので、ρ_0 が極値的であることが示された。[この証明は、h をどの範囲に限定すべきかや、それに応じて (4.8) と (4.9) をどう言い換えるべきかを示唆している。]

例 4.1. 長方形 $R = \{a < x < b, c < y < d\}$ の垂直な辺の間の極値的距離に関してだが、$\rho_0 = 1$ とし、Γ_0 として線分「$y =$ 定数」の集合をとる。このとき

$$\int_a^b h(x,y)dx \geq 0$$

から

$$\int\int_R h(x,y)dxdy \geq 0$$

が従うことは明白であり、よってボイリングの条件がみたされるので ρ_0 は極値的である。

例 4.2. より非自明な例として、三角形、あるいは等角写像論的には 3 つの境界点付きのジョルダン領域を考えよう。そのような対象はすべて等角同値だから、この状況では極値的長さに関する問題はすべて、等角不変量というよりも図形に特化した固有の数を求める問題になる。特別な例として、Γ が三角形内の曲線ですべての辺と交わるものから成るときに $\lambda(\Gamma)$ を決定しよう。領域を一辺の長さが 1 の正三角形に等角写像して考えたとき、$\rho_0 = 1$ すなわちユークリッド計量が極値的であることを示そう。一辺に関する鏡映により（図 4.5a）$\gamma \in \Gamma$ の最小長は頂点から下した垂線の長さであることがわかり、最短曲線は図 4.5b に示されているような折れ線であり、（辺ごとに）3 つの族をなしている。Γ_0 としてこれらの折れ線すべての集合をとる。γ_x で Γ_0 に属する折れ線で $(x,0)(0 \leq x \leq \frac{1}{2})$ から出るものを表す。h が条件 (4.8) を満足すれば、積分することにより

$$\int_0^{\frac{1}{2}} dx \int_{\gamma_x} h|dz| = \int\int hdxdy \geq 0$$

となる。ただし重積分は（図 (4.5) で）斜線部上では 1 回、二重斜線部上では 2 回にわたり算出するものとする。同様の積分が 3 つあるので、これらを足し合わせて

$$3\int\int hdxdy \geq 0$$

が得られる。ただしこの積分は三角形全体にわたる。定理により ρ_0 は極値的であり、計算により $\lambda(\Gamma) = \sqrt{3}$ となる。

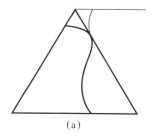
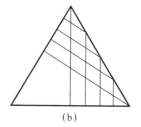

(a)   (b)

図 4.5

4.8. 球面の場合

　上の例では極値的計量はユークリッド計量であり、予備的な等角変換の後では $\rho_0 = 1$ であった。これ以外の例について論じよう。ジョルダン領域 Ω 内の点 z_0 をとり、Γ を Ω 内のジョルダン曲線で z_0 を囲み境界に触れるものから成る族とする。(より正確には、$\gamma \in \Gamma$ は境界上の一点を加えることによりジョルダン曲線になる。) 等角不変性により Ω は単位円板 Δ であり $z_0 = 0$ であるとして構わない。まず、$\lambda(\Gamma)$ を Δ 内で直径の両端を結ぶ曲線族 Γ_1 に対する $\lambda(\Gamma_1)$ と比較しよう。これを写像 $z = z_1^2$ を用いて行う。明らかに、すべての $\gamma_1 \in \Gamma_1$ は一つの $\gamma \in \Gamma$ に写像され、各 γ は 2 つの γ_1 の像である。ρ を与えたとき、ρ_1 を $\rho_1|dz_1| = \rho|dz|$ により定める。つまり $\rho_1(z_1) = 2|z_1|\rho(z_1^2)$ とおく。すると直ちに $L(\Gamma, \rho) = L(\Gamma_1, \rho_1)$ かつ $2A(\Delta, \rho) = A(\Delta, \rho_1)$ であり、ここから $\lambda(\Gamma) \leq 2\lambda(\Gamma_1)$ が得られる。

　逆向きの不等式だが、ρ_1 を与えると一価の ρ が $\rho(z) = \frac{1}{4}|z|^{-\frac{1}{2}}[\rho_1(z^{\frac{1}{2}} + \rho_1(-z^{\frac{1}{2}}))]$ で定まる。すると $L(\Gamma, \rho) \geq L(\Gamma_1, \rho_1)$ かつ $2A(\Delta, \rho) \leq A(\Delta, \rho_1)$ であることがすぐにわかるので、$\lambda(\Gamma) \geq 2\lambda(\Gamma_1)$ となる。よって $\lambda(\Gamma) = 2\lambda(\Gamma_1)$ である。Γ_1 に対する極値的計量を決定するため、Δ を立体射影により原点を中心とし半径が 1 のリーマン球面の上半部へと写像する。これは単位円周を固定する等角写像である。半球は平面領域ではないが、極値的長さの方法はさほどの変更なく適用が可能なので、定理 4.4 も球面計量に関する積分に関して成立する。球面計量が極値的であることを示そう。これは、元の問題に

帰って言えば、$\rho_0 = 2(1 + |z|^2)^{-1}$ が極値的であると言うのと同じである。

　球面計量に関する最短経路は大円である; これらが定理 4.4 の条件 ii) を満足することを示す。座標として経度 θ と緯度 φ を用いよう。緯度の最大値 φ_0 で傾きが決まる大円を考える。φ_0 を固定したままで大円を回転させると、（赤道以北の）半円は $0 \leq \varphi \leq \varphi_0$ の帯状の領域を掃く。ここで、等式

$$ds d\theta = (\cos^2 \varphi - \cos^2 \varphi_0)^{-\frac{1}{2}} d\omega$$

の検証を読者に委ねる。ただし s は大円の弧長であり、$d\omega$ で球面計量の面積要素を表す。これにより、もし h がすべての大円 γ_0 に対して

$$\int_{\gamma_0} h ds \geq 0 \tag{4.10}$$

をみたせば、

$$\int\int_{\varphi < \varphi_0} (\cos^2 \varphi - \cos^2 \varphi_0)^{-\frac{1}{2}} h d\omega \geq 0 \tag{4.11}$$

となる。これに $\sin \varphi_0$ をかけて $\varphi_0 = 0$ から $\varphi_0 = \pi/2$ まで積分しよう。すると

$$\int_0^{\pi/2} (\cos^2 \varphi - \cos^2 \varphi_0)^{-\frac{1}{2}} \sin \varphi_0 d\varphi_0 = \frac{\pi}{2}$$

となるので

$$\int\int h d\omega \geq 0 \quad （半球上の積分）$$

を得る。これで条件が確認できたので、$\lambda(\Gamma_1) = \pi/2$, $\lambda(\Gamma) = \pi$ が示された。

　これと同じ方法でより一般的な問題が解けることも面白かろう。(4.10) が、最大緯度 φ_0 が区間 $[0, \varphi_1]$ $(\varphi_1 < \pi/2)$ に属する範囲で成り立つことしか分かっていないとする。このとき (4.11) は φ_0 がこの範囲にあるときには真である。この式に ($\sin \varphi_0$ の代わりに) $\cos \varphi_0 \sin \varphi_0 (\cos^2 \varphi_0 - \cos^2 \varphi_1)^{-\frac{1}{2}}$ をかけ、φ_0 に関して 0 から φ_1 まで積分する。$t_0 = \cos \varphi_0$ を代入すると

$$\int_\varphi^{\varphi_1} [(\cos^2 \varphi_0 - \cos^2 \varphi_1)(\cos^2 \varphi - \cos^2 \varphi_0)]^{-\frac{1}{2}} \cos \varphi_0 \sin \varphi_0 d\varphi_0$$

$$= \int_{t_1}^t [(t_0^2 - t_1^2)(t^2 - t_0^2)]^{-\frac{1}{2}} t_0 dt_0 = \frac{\pi}{2}$$

が φ と φ_1 によらずに成立するから

$$\int\int_{0<\varphi<\varphi_1} h d\omega \geq 0$$

が言え、従って球面計量が任意の帯状領域 $0 \leq \varphi \leq \varphi_1$ に対して極値的であることが示せた。

以上により、円環の外側の境界上の対称な 2 点を結ぶ曲線族の極値的長さが決定できた。より重要なことは、穴あき円板の場合と同様な比較原理により、二重連結領域の外側に接し内側の境界を囲む閉曲線族の極値的長さが求まることであるが、その値を実際に計算することは読者に任せよう。

4.9.　極値的距離の公式

4.2 節で導入した極値的距離 $d_\Omega(E_1, E_2)$ に戻る。この等角不変量を表す公式を、せめて Ω, E_1, E_2 の形が非常に簡単な場合に限ってでも見出すことが、本節の目的である。一般性を失うことなく、E_1 と E_2 は Ω の境界に含まれると仮定してもよい。実際、これは Ω を $\Omega \setminus (E_1 \cup E_2)$ の連結成分で置き換えることにより実現される。境界挙動についての微妙な議論を避けるため、以下の仮定を設けよう。

(1)　　　 Ω は有界領域で、その境界は有限個のジョルダン閉曲線から成る。

(2)　　　 E_1 と E_2 は交わらず、どちらも Ω の境界に含まれる有限個の閉弧または閉曲線の和集合である。

これらの条件下では Ω は解析的曲線を境界とする領域へと等角写像でき、この写像は領域の閉包間の位相同型へと拡張できる。問題は等角写像で不変だから、Ω は最初から解析的な境界を持つと仮定しよう。

Ω の全境界を $\mathcal{C}$ で表し、$\mathcal{C}_0 = \mathcal{C} \setminus (E_1 \cup E_2)$ とおく。また、E_1°, E_2° で E_1, E_2 の $\mathcal{C}$ 内での相対開核を表す。これらは端点を除いて得られる。次の性質を持つ Ω 上の関数 $u(z)$ が一意的に存在する。

i) u は Ω 上有界で、かつ調和である。

ii) u は $\Omega \cup E_1^\circ \cup E_2^\circ$ 上に連続に拡張され、E_1° 上で 0、E_2° 上で 1 である。

iii) 法線微分 $\partial u/\partial n$ は $\mathcal{C}_0$ 上存在して 0 である。

この関数は混合型ディリクレ・ノイマン問題の解である。最大値の原理から u の一意性および Ω 上で $0 < u < 1$ であることが従う。解の存在は認めることにしよう。鏡像原理により u は $\mathcal{C}_0 \cup E_1^\circ \cup E_2^\circ$ を越えて調和関数として拡張できる。

定理 4.5. 極値的距離 $d_\Omega(E_1, E_2)$ はディリクレ積分

$$D(u) = \int\int_\Omega (u_x^2 + u_y^2)dxdy$$

の逆数である。

証明. 幾何学的直観に頼ってよければ証明はほとんど自明である。$\rho_0 = |\mathrm{grad}\,u| = (u_x^2 + u_y^2)^{\frac{1}{2}}$ とし、γ を E_1 から E_2 への曲線とする。$|\mathrm{grad}\,u|$ は方向微分の最大値だから、ただちに

$$\int_\gamma \rho_0|dz| \geq \int_\gamma |du| \geq \int_\gamma du = 1$$

となり、従って E_1 と E_2 を結ぶ曲線族 Γ に対して $L(\Gamma, \rho_0) \geq 1$。一方では $A(\Omega, \rho_0) = D(u)$ であるから

$$d_\Omega(E_1, E_2) \geq L(\Gamma, \rho_0)^2/A(\Omega, \rho_0) \geq 1/D(u).$$

逆向きの不等式を厳密に証明しようとすると、やや辛抱を要する点が生ずる。v を u の共役調和関数としたとき、v の定値線が計量 ρ_0 に関する最短線であることは明白だが、問題は v が一価とは限らず、この理由により v の定値線が局所的にしか定義できないことである。$\mathrm{grad}\,u(z) \neq 0$ をみたす点 z を通

るそのような線は一本あるが、v の定値線は**臨界点**すなわち $\mathrm{grad}\,u = 0$ となる点では分岐する。臨界点の個数は有限個であることは示せるが、この情報を以てしても定値線の全体的な挙動は不明瞭である。

これらの難点をひとまず先送りし、Ω が E_1 から E_2 に至る定値線 $v = t$ で掃かれると仮定しよう。定値線たちが t に関して有限個の点で不連続に変化することは許さねばならないが、この跳躍を別にすれば t に関する v の全増加量は

$$\int_{E_1} dv = -\int_{E_1} \frac{\partial u}{\partial n}|dz|$$

（ただし n は外法線ベクトル）となる。グリーンの定理により、$\partial u/\partial n$ の全境界上の積分は 0 である。よって

$$-\int_{E_1} \frac{\partial u}{\partial n}|du| = \int_{E_2} \frac{\partial u}{\partial n}|dz| = \int_{\mathcal{C}} u\frac{\partial u}{\partial n}|dz| = D(u)$$

となり、従って t に関する v の全変動は $D(u)$ である。定値線に沿っては $\rho_0 = \partial u/\partial n$ であり、よって定値線の ρ に関する長さは

$$\int_{v=t} \rho|dz| = \int_{v=t} \frac{\rho}{\rho_0} du$$

と表せる。ρ を $L(\Gamma, \rho) = 1$ で正規化しておけば

$$\int_{v=t} \frac{\rho}{\rho_0} du \geq 1$$

となるので、これを t に関して積分すれば

$$\int\int \frac{\rho}{\rho_0} du dv \geq D(u)$$

（積分は長方形の和集合上）が従う。一方 $du\,dv = \rho_0^2 dx dy$ であるから

$$\int\int_\Omega \rho\rho_0 dx dy.$$

シュワルツの不等式より

$$D(u) \leq \int\int_\Omega \rho^2 dx dy = A(\Omega, \rho)$$

だから、ここまでの論証を信用してよければ $d_\Omega(E_1, E_2) \le 1/D(u)$ が言えた
ことになる。

　より厳密な証明へと進む前に、この方法でいくつかの例をなぞってみよう。
まず最初に Ω は三重連結な領域とし、E_2 は Ω の外周、E_1 は 2 本の内周から
成るとする（図 4.6）。

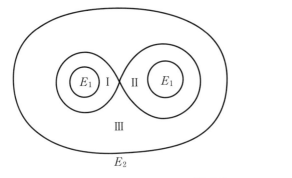 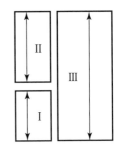

図 4.6

　このときには u は通常の調和測度であり、E_1 上で $u = 0$、E_2 上で $u = 1$ で
ある。小さな正数 ϵ に対して定値線 $u = \epsilon$ は E_1 の近くの 2 つの単純閉曲線で
あり、$u = 1 - \epsilon$ は E_2 の近くの一つの閉曲線である。明らかに一つの臨界値
u_0 があり、定値線 $u = u_0$ は自己交差点を一つ持つ 8 の字型の曲線である。こ
の点は $u_x = u_y = 0$ という意味で u の臨界点である。

　この 8 の字型曲線は領域を 3 つの部分に分ける。これらはすべて二重連結
で、そのうちの 2 つでは $u < u_0$ であり、残りで $u > u_0$ である。図 4.6 で示
唆されているように、この 3 重連結領域の一つのモデルとして、一つの長方形
を 3 つの部分に切り分け、辺どうしを貼り合わせて作ったズボンのようなもの
を考えることができる。このズボンの面積が $D(u)$ である。

　次にこれより少しだけ複雑な場合を考えよう。領域は再び三重連結で、E_1
は内側の境界だが、今度は E_2 は外側の境界の部分弧であるとする（図 4.7）。

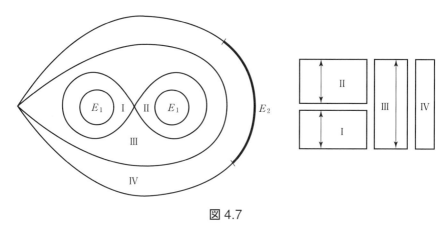

図 4.7

定値線の集合は前の例と似ているが、境界上の臨界点が一つ追加される。前のように臨界点を通る定値線を引き、それらが領域をどう分割するかを見よう。するとそこには3つの円環上の領域と一つの単連結な領域があり、後者は水平方向の辺が同一視されない長方形に写像される。このモデルはボタンをはずしたズボンに似ている。

　これで一般的な場合の証明のための準備ができた。まず、臨界点は解析関数 $u_x - iu_y$ の零点である。すでに注意したように、u は $\mathcal{C}_0 \cup E_1 \cup E_2$ を越えて調和に拡張できるので、$u_x - iu_y$ は解析接続され、その零点は（すなわち u の臨界点は）E_1 と E_2 の端点以外には集積点を持ちえない。z_0 を（例えば E_1 の）そのような端点としよう。z_0 の近くで Ω 上の u の局所共役 v を選び、境界上で z_0 の一方の側で $u = 0$、他の側で $v = 0$ であるようにする。このとき $(u + iv)^2$ は z_0 の両側で実であり、鏡像原理により z_0 の近傍 V と $V \setminus \{z_0\}$ 上の解析関数 φ が存在して、$\varphi = (u + iv)^2$ が $\Omega \cap V$ 上で成り立つ。さらに φ の実部は境界を軸として対称である。$\Omega \cap V$ 上で $\mathrm{Re}\,\varphi = u^2 - v^2 < 1$ だから $V \setminus \{z_0\}$ 上でもこの不等式が成り立つ。よって z_0 は φ の極でも真性特異点でもない。ゆえに $\varphi(z_0)$ は極限として存在し、u が Ω 上で符号を変えないという事実から、φ が z_0 で位数1の零点を持つと結論できる。従って $\varphi'(z_0) = 2(u + iv)(u_x - iu_y) \neq 0$ であり、$u_x - iu_y$ は $z \to z_0$ のとき ∞ に

発散する。これより z_0 の近くには臨界点がないから、臨界点の個数は有限である。

　これを踏まえて、u の臨界値 u_i を $u_0 = 0, u_n = 1$ として若い順に並べ、Ω の部分領域 $u_i < u(z) < u_{i+1}$ を調べよう。ただしこれらの部分領域は非連結である可能性があるが、その場合には連結成分ごとに吟味する。各成分が例（図 4.6 と図 4.7）で考えた型になることを示そう。

　そのためには臨界点の個数を数える必要がある。Ω は m 個の境界成分を持つとし、E_1 と E_2 は全部で h 個の端点を持つ曲線から成るとする。臨界点は $u_x - iu_y$ の零点で、零点ごとに重複度を持つ。この重複度を込みにして数えたとき n_1 個の臨界点が Ω の内部にあり、n_2 個が境界上にあるとする。

　偏角の原理を用いるが、境界上の零点と極は重複度を半分ずつ数えることにして一般化した形で用いると

$$\int_{\mathcal{C}} d \arg (u_x - iu_y) = \left(n_1 + \frac{1}{2}n_2 - \frac{h}{4} \right) 2\pi$$

となる。ここで項 $-h/4$ が現れるのは $u_x - iu_y$ が E_1 と E_2 の端点では半分の極を持つとみなされることによる。実際、z_0 を一つの端点とすれば $u + iv \sim (z - z_0)^{\frac{1}{2}}$ であるので $u_x - iu_y \sim 2(z - z_0)^{-\frac{1}{2}}$ となる。（便宜上）$w = u + iv, u_x - iu_y = dw/dz$ と、w が一価でなくても書くことにしよう。すると明らかに

$$\int_{\mathcal{C}} d \arg (u_x - iu_y) = \int_{\mathcal{C}} d \arg dw - \int_{\mathcal{C}} d \arg dz.$$

（記号の意味は説明を要しないだろう。）右辺の最初の積分は $\arg dw$ が $\mathcal{C}$ の各部分弧上で定数であるので 0 である。第二の積分は接線方向の回転度を測っているから $(2 - m)2\pi$ に等しい。これらの結果を合わせれば

$$2n_1 + n_2 = 2m - 4 + \frac{h}{2}$$

が得られる。

　特に、もし臨界点がなければ $2m + h/2 = 4$ でなければならないが、これが成り立つのは次の 2 つの場合だけである：(1) $m = 1, h = 4$；(2) $m = 2, h = 0$.

領域は四辺形であるかまたは円環であり、これらはまさに上で扱った場合である。

この結果を $u_i < u < u_{i+1}$ の連結成分に応用しよう。内部には臨界点がなく、その成分の境界で $E_1 \cup E_2$ に含まれる部分上にもない。境界上に臨界点はあるのだが、そこでは境界は角張っていてこの角を平角に直す予備的な変換で臨界点の重複度が相殺されるので、その結果、上の公式は $n_1 = n_2 = 0$ のときも成立し、よってすべての部分領域（の成分）は四辺形か円環であると結論できる。従って $u_i < u < u_{i+1}$ の成分たちは等角に、幅が $u_{i+1} - u_i$ で（それらを組み合わせたときの）高さの総和が $D(u)$ の長方形上に写像される。これらを合わせると、辺長が1と $D(u)$ の長方形が敷き詰められる。適切な同一視を行えば、E_1 と E_2 を垂直な辺とする Ω のモデルが得られる。このモデルからユークリッド計量が極値的であることが直ちに従うので、$d_\Omega(E_1, E_2) = 1/D(u)$ が結論付けられる。

4.10. 単母数の福笑形

有限個の可微分閉曲線で囲まれた領域を考え、それに有限個の内点と境界点に一定の番号を付けて付加したものを**点付き領域**または短く**福笑形**と呼ぶことにする。福笑形どうしが等角同値であるとは、その間の等角写像でこれらの特定された内点と境界点どうしを対応付けるものが存在することをいう。この同値関係は、いくつかの等角不変量の相等により表現されうる。これらを福笑形の**母数**という。

母数の選び方はいろいろあるが、その個数は一定である。母数の個数は与えられた領域を例えば平行截線領域のような標準的なものに写像することにより決定できる。もし福笑形が m 個の周と n_1 個の内点と n_2 個の境界点から成れば、母数の個数は

$$N = 3m - 6 + 2n_1 + n_2 + 5 \tag{4.12}$$

であり、5つの場合を除いて $s = 0$ である。s は等角自己同型の分であり、具体的には、円板なら3、境界付きの円板なら2で、円環や、円板に内部の1点をつけたもの、または境界上の2点をつけたものについては1である。

　ここでは公式 (4.12) の証明や解釈には触れずに、単一の母数を持つ福笑形について少し詳しく調べてみよう。$s = 0$ のときこの条件は $3m + 2n_1 + n_2 = 7$ に相当し、可能な場合は

(1)		$m = 1$	$n_1 = 2$	$n_2 = 0$
(2)		$m = 1$	$n_1 = 1$	$n_2 = 2$
(3)		$m = 1$	$n_1 = 0$	$n_2 = 4$
(4)		$m = 1$	$n_1 = 0$	$n_2 = 1$

の 4 通りである。この他に、円環で $s = 1, m = 2, n_1 = n_2 = 0$ の場合がある。

　(1) 2 内点付き単連結領域　この場合、すでに等角不変量としてグリーン関数 $g(z_1, z_2)$ があり、他のすべての不変量はその関数である。とはいえ、他の種々の不変量を定義し、それらをグリーン関数と比較することは有益である。

　(2) 1 内点 2 境界点付き単連結領域　境界上の 2 点を（境界内で）結ぶ曲線の調和測度が一つの等角不変量である。

　(3) 四辺形　これの母数は既に見てあるように対辺間の極値的距離である。他の不変量の一つは、この領域を円板または半平面上に写像してから 4 点の複比を取ったものである。

　(4) 1 境界点付き円環　境界点は回転で動かせるので重要ではない。よってこれは円環の場合と同じで、母数は内周と外周の極値的距離である。

4.11.　極値的円環

　前節の (1) についてもっと詳しく調べよう。この領域が円板であり、z_1, z_2 が一つの直径上にあるとする。母数として、Γ^* を z_1 と z_2 を円周から分離する閉曲線から成る族としたときの $\lambda^* = \lambda(\Gamma^*)$ を考える。s を z_1 から z_2 への線分とし、s を円周から分離する（Γ^* より狭い範囲の）曲線族を Γ_0 で表す。（s を切り込みと見た）円環について考えれば、$\lambda(\Gamma_0)$ は s と円周の間の共役極

値的距離であり、これを λ_0^* で表す。Γ_0^* に対する極値計量 $\rho = 0$ が s に関して対称的であることは明白である。

この結論をやや異なる観点から見ることが可能である。c を z_1 と z_2 を含む任意の連続体とし、d_c を c から円周への極値的距離とする。すると d_c の最大値は明らかに等角不変量である。共役極値的距離に移行すると

$$d_c^* \geq \lambda^* = \lambda_0^* = d_s^*$$

だから $d_c \leq d_s$ である。言い換えれば、z_1 と z_2 を含むあらゆる連続体のうち、s は円周から見て「最果ての」場所にある。

等角不変性により、これを次のように言い換えることができる。

定理 4.6. （**グレッチ**）点 $R > 1$ と ∞ を結ぶ連続体のうち、実軸上の線分 $[R, +\infty]$ は単位円との極値的距離が最大である。

2重連結領域で、その補集合が単位閉円板と線分 $[R, +\infty]$ から成るものは**グレッチ円環**と呼ばれる。その母数すなわち補集合間の極値的距離を $M(R)$ で表す。つまりグレッチ円環と等角同値な、同心円を境界に持つ円環において、2つの半径の比は $e^{2\pi M(R)}$ である。

タイヒミュラー [65] はこれと似た別の極値問題を解いた。

定理 4.7. （**タイヒミュラー**）2点 $\{0, 1\}$ を2点 $\{w_0, \infty\}$ から分離する2重連結領域のうち最大の母数を持つものは、$|w_0| = R$ としたとき $[-1, 0] \cup [R, +\infty]$ の補集合である。

証明にはケーベの4分の1定理（cf. 2.3 節）とケーベの歪曲定理（第5章で証明する）が用いられる。f は単位円板上の単葉関数で、$f(0) = 0, f'(0) = 1$ と正規化されているとしよう。このとき4分の1定理より $|z| < 1$ に対して $f(z) \neq w_0$ ならば $|w_0| \geq \frac{1}{4}$ である。歪曲定理により、特に

$$|f(z)| \leq \frac{|z|}{(1 - |z|)^2}$$

である。これらの二つの不等式において、どちらの場合も f がケーベ関数

$$f_1(z) = \frac{z}{(1+z)^2}$$

のときには等号が成立する。実際、f_1 は 1/4 という値をとらないし、z が負ならば $|f_1(z)| = |z|/(1-|z|)^2$ である。

Ω を定理における二重連結領域とし、E_1 と E_2 をそれぞれ補集合の有界な成分と非有界な成分とする。$\Omega \cup E_1$ は単連結な領域で全平面ではないので、リーマンの写像定理により単位円板 $\Delta = \{|z| < 1\}$ 上の単葉関数 F で $F(\Delta) = \Omega \cup E_1$ かつ $F(0) = 0$ をみたすものが存在する。$F(z) \neq w_0$ なので 4 分の 1 定理により

$$R = |w_0| \geq \frac{1}{4}|F'(0)|$$

が結論できる。$z_0 = F^{-1}(-1)$ とおけば、歪曲定理により

$$1 = |F(z_0)| \leq \frac{|z_0||F'(0)|}{(1-|z_0|)^2} \leq \frac{4R|z_0|}{(1-|z_0|^2)}. \tag{4.13}$$

$E_1 = [-1, 0], E_2 = [R, +\infty]$ とし、Ω を**タイヒミュラー円環** $\hat{\mathbb{C}} \setminus (E_1 \cup E_2)$ とする。このとき写像関数は $F_1(z) = 4Rf_1(z)$（f_1 はケーベ写像）であり、$z_1 = F_1^{-1}(-1)$ であるので、これは負である。よって (4.13) において F を F_1 に、z_0 を z_1 に置き換えれば、不等号は両方とも等号になる。よって $t/(1-t)^2$ が増加関数であることに注意すれば $|z_0| \geq |z_1|$ となる。

さらに一歩進んで、元の Ω の母数が $F^{-1}(E_1)$ と単位円周との極値的距離であることに注意しよう。0 と z_0 が $F^{-1}(E_1)$ に属すれば、$F^{-1}(E_1)$ が 0 と z_0 を結ぶ線分であるときにこの極値的距離が最大になることは既に見た。z_0 を z_1 に代えれば線分は短くなり、そのぶん極値的距離は長くなる。従ってこの母数はタイヒミュラー円環において最大である。

読者の便宜のため、グレッチ円環とタイヒミュラー円環を図 4.8 に示しておく。

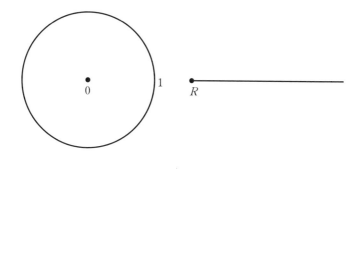

図 4.8

グレッチ円環とその円周に関する反転像を合わせたものは、正規化を除けば明らかにタイヒミュラー円環に等しい。タイヒミュラー円環の母数を $\Lambda(R)$ で表すと、M と Λ の関係

$$\Lambda(R^2 - 1) = 2M(R) \tag{4.14}$$

が直ちにわかる。

　関数 $M(R)$ と $\Lambda(R)$ の性質については次節でも論ずるが、値 $\Lambda(1)$ がすぐに求まることだけはここで指摘しておこう。$R = 1$ ならば、タイヒミュラー円環の上半平面に含まれる部分は正方形に等角同値である。従って極値的距離は半平面に関しては 1 であり、全平面に関しては $\frac{1}{2}$ である。ゆえに $\Lambda(1) = \frac{1}{2}$ である。これはより一般的な関係 $\Lambda(R)\Lambda(1/R) = \frac{1}{4}$ の特殊な場合だが、こちらの証明は練習問題としよう。

系 4.3. 母数が $> \frac{1}{2}$ の二重連結領域は、その補集合の連結成分たちを分離する円周を含む。

証明には、補集合の有界成分 E_1 の直径は 1 であり、かつ 2 点 0, 1 が E_1 に属するとしても構わない。もしこの状況で結論が成り立たないとすれば、E_2 は $|z| = 1$ と交わらねばならないが、そうすると定理より母数が $\leq \Lambda(1) = \frac{1}{2}$ となってしまう。

4.12.　関数 $\Lambda(R)$

楕円関数を用いると、$\Lambda(R)$ に対する、というよりむしろその逆関数を表す具体的な表示式を求めることができる。この手の計算は以前と違って周知のことではないので、読者の便宜のためある程度詳細を復習しておこう。ワイアシュトラスの $\wp$ 関数は、周期格子を与えて

$$\wp(z) = \frac{1}{z^2} + \sum_{\omega \neq 0} \left(\frac{1}{(z-\omega)^2} - \frac{1}{\omega^2} \right) \tag{4.15}$$

で定義される。ただし ω は 0 でない周期すべてをわたる。ω_1, ω_2 を周期格子の基底とし、$e_1 = \wp(\omega_1/2), e_2 = \wp(\omega_2/2), e_3 = \wp[(\omega_1 + \omega_2)/2]$ とおいたとき、$\wp$ 関数は微分方程式

$$\wp'(z)^2 = 4[\wp(z) - e_1][\wp(z) - e_2][\wp(z) - e_3] \tag{4.16}$$

をみたす。この関係は (4.16) の両辺の零点と極どうしを突き合わせて示される。特に値 e_1, e_2, e_3 の重複度は 2 であるが、このことからこれらが相異なる数であることが従う。なぜなら、どれか二つが一致すれば、$\wp$ は同一の値を 4 回とることになってしまうからである。

$\omega_1 = 1,\ \omega_2 = 2i\Lambda$ と置こう。ここで $\Lambda = \Lambda(R)$ は前節で述べた通りタイヒミュラー円環の母数である。(4.15) から明らかなように、この $\wp$ 関数は実軸と虚軸、およびそれらを半周期分平行移動した直線上で実数値をとる。従って e_1, e_2, e_3 は実数であり、この $\wp$ 関数は、頂点が $0, \omega_1/2, (\omega_1 + \omega_2)/2, \omega_2/2$ である長方形の周を実軸上へと写像する。この写像により、長方形は上半平面または下半平面と 1 対 1 に対応する。$z = 0$ の近傍での挙動を見れば、それが下半平面であることがわかる。点 ∞, e_1, e_3, e_2 は下半平面に関して正の向きに並

んでいなければならないので、$e_2 < e_3 < e_1$ である。線分 $[e_1, +\infty]$ と $[e_2, e_3]$ は長方形の水平な辺に対応しているから、半平面に関するそれらの極値的距離は 2Λ であり、全平面に関しては Λ である。従って ∞, e_1, e_2, e_3 は 1 次分数変換で $\infty, R, 0, -1$ に対応するので、

$$R = \frac{e_1 - e_3}{e_3 - e_2} \tag{4.17}$$

である。

問題は R を Λ で表すことであるが、そのためには楕円関数 F で $[\wp(z) - e_1]/[\wp(z) - e_2]$ と同一の周期、零点、および極を持つものを構成すれば十分である。実際、そのような F に対して

$$R = -\frac{F[(\omega_1 + \omega_2)/2]}{F(0)}$$

となることは明白である。

$q = e^{-2\pi\Lambda}$ という便利な記号を用いて定義された関数

$$F(z) = \prod_{n=-\infty}^{\infty} \frac{(1 + q^{2n}e^{-2\pi iz})^2}{(1 - q^{2n-1}e^{2\pi iz})(1 - q^{2n+1}e^{-2\pi iz})} \tag{4.18}$$

がこのような性質を持つことを確かめよう。まず、$q < 1$ であり、かつ一般項が n を $-n$ に、z を $-z$ に置き換えても不変であることから、この無限積は両端で収束する。F が 1 を周期に持つことは明らかであり、z を $z + 2i\Lambda$ に変えることは n を $n-1$ に変えることにあたるので、$2i\Lambda$ もまた周期である。最後に、零点と極の位数は 2 であり、それらはそれぞれ $\frac{1}{2}$ と $i\Lambda$ に同値な点に位置している。

(4.18) に数値を代入し、$n = 0$ の項を取り出し、負の n を正に変えて整理して

$$F(0) = -4q \prod_{n=1}^{\infty} \left(\frac{1 + q^{2n}}{1 - q^{2n-1}}\right)^4,$$

$$F\left(\frac{\omega_1 + \omega_2}{2}\right) = \frac{1}{4} \prod_{n=1}^{\infty} \left(\frac{1 - q^{2n-1}}{1 + q^{2n}}\right)^4$$

を得、最終的に

$$R = \frac{1}{16q} \prod_{n=1}^{\infty} \left(\frac{1 - q^{2n-1}}{1 + q^{2n}} \right)^8 \tag{4.19}$$

を得る。

同様の計算により

$$R + 1 = \frac{e_1 - e_2}{e_3 - e_2} = \frac{1}{16q} \prod_{n=1}^{\infty} \left(\frac{1 + q^{2n-1}}{1 + q^{2n}} \right)^8 \tag{4.20}$$

が導かれる。特に (4.19) と (4.20) は両方向の評価

$$16R \leq e^{2\pi \Lambda(R)} \leq 16(R + 1) \tag{4.21}$$

を与えるが、これは R が十分に大きいときにだけ良い評価であるので、R が小さいときにはこれと等式 $\Lambda(R)\Lambda(R^{-1}) = \frac{1}{4}$ を組み合わせなければならない。

4.13.　一つの歪曲定理

積分不等式 (4.6) を前節で得られた類似の不等式と組み合わせれば、一層有効性が増す。ここで言及しようとしている歪曲定理は、はじめアールフォルスが学位論文 [2] で面積・長さの原理にある種の微分不等式を加えたものを使って証明したものである。タイヒミュラー [65] が定理 4.7 を示したのは、実を言えばこの証明を簡略化するためだった。

第 4.5 節で論じた状況に帰るが、今回は Ω を、両端が無限に伸びた帯状領域の一部とみなす（図 4.9a）。帯全体を、幅が 1 の平行な帯へと等角に写像する。図 4.9b は E_1, E_2 の像 E_1', E_2' と最大値と最小値としての α, β の意味を示している。$\beta - \alpha$ を下から評価することが問題である。

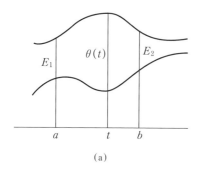
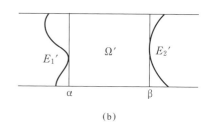

(a)　　　　　　　　　　　　　(b)

図 4.9

極値的距離 $d(E_1, E_2)$ の下からの評価に関しては最良型を既に知っており、等角不変性により $d(E_1, E_2) = d(E_1', E_2')$ であるので、$\beta - \alpha$ によって $d(E_1', E_2')$ を上から評価することが課題になる。指数関数により平行帯を穴あき全平面に写像できるが、E_1' と E_2' の像が閉曲線になるとは限らないことが不都合である。タイヒミュラーはこの困難を、まず平行帯を境界線の片方（実軸としよう）に関して折り返すという簡単な工夫により克服する。こうすると Ω' とその鏡像は軸対称な二つの曲線 $\hat{E}_1', \hat{E}_2'$ に挟まれ、この二重帯内でのこれらの極値的距離は $\frac{1}{2} d(E_1', E_2')$ である。指数関数 $e^{\pi z}$ は $\hat{E}_1'$ と $\hat{E}_2'$ を閉曲線 $\mathcal{C}_1, \mathcal{C}_2$ に写像し（図 4.10）、その結果、四辺形の対辺だったものが円環領域の内周と外周となり、対称性により極値的距離は保たれる。このような理由で $d(\mathcal{C}_1, \mathcal{C}_2) = \frac{1}{2} d(E_1, E_2)$ となる。

　ここで定理 4.7 を応用しよう。曲線 $\mathcal{C}_1$ は原点を一周する間に原点からの距離が $e^{\pi \alpha}$ である点を通過する。$\mathcal{C}_2$ は $\mathcal{C}_1$ を ∞ から分離し、かつ絶対値が $e^{\pi \beta}$ である点を含む。正規化条件を除けばこれが定理の状況と一致するので、$d(\mathcal{C}_1, \mathcal{C}_2) \leq \Lambda(e^{\pi(\alpha - \beta)})$ となる。

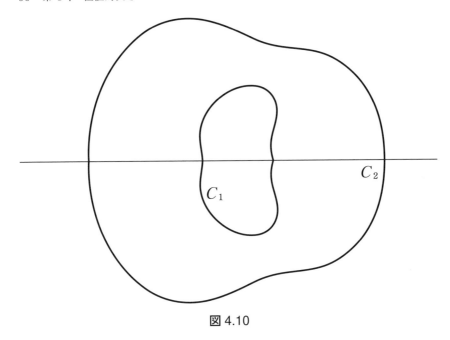

図 4.10

これで次の定理が証明できた。

定理 4.8. 図 4.9 で示された写像は

$$\int_a^b \frac{dx}{\theta(x)} \le 2\Lambda(e^{\pi(\beta-\alpha)}) \tag{4.22}$$

をみたす。

この不等式は最良であり、等号は Ω が長方形で E_1', E_2' が反対方向に延びた無限遠に達する半直線であり、かつその片方は平行線の上側にあり他方は下側にあるときである。実用上は (4.22) をやや弱い次の結果で置き換えた方がよい。

系 4.4. $\int_a^b dx/\theta(x) \ge 1$ ならば

$$\beta - \alpha \ge \int_a^b \frac{dx}{\theta(x)} - \frac{1}{\pi} \log 32. \tag{4.23}$$

証明. $\Lambda(1) = \frac{1}{2}$ であるから、仮定と (4.22) を合わせると $e^{\pi(\beta-\alpha)}$ となる。一方 (4.21) より $R \geq 1$ のとき $\Lambda(R) \leq (1/2\pi)\log 32R$ であるから、(4.23) が従う。

4.14. 被約極値的距離

二つの集合間の極値的距離は、一方が 1 点へと退化すれば ∞ に発散する。しかしこのような極値的距離が二つあると、その差が有限値に収束することがあり得る。

再び、Ω の境界は有限個の解析的曲線であると仮定する。閉集合 E は境界上の有限個の弧の和集合であるとしよう。$z_0 \in \Omega$ を固定し、z_0 を中心として半径が r の円周を $\mathcal{C}_r$ で、円板を Δ_r で表す。$\overline{\Delta} \subset \Omega$ のとき、$d(\mathcal{C}_r, E)$ は $\Omega \setminus \overline{\Delta_r}$ に関する極値的距離とする。$r' > r$ のとき、合成則 (4.2) より $d(\mathcal{C}_r, E) \geq d(\mathcal{C}_{r'}, E) + (1/2\pi)\log(r'/r)$ である。というのも、右辺第 2 項は 2 円間の極値的距離であるから。この不等式は $d(\mathcal{C}_r, E) + (1/2\pi)\log r$ が r の減少関数であることを言っている。よって $\lim_{r\to 0}[d(\mathcal{C}_r, E) + (1/2\pi)\log r]$ が存在し、仮定よりこれは有限である。($\Omega \subset \Delta_R$ ならば $d(\mathcal{C}_r, E) \leq (1/2\pi)\log(R/r)$ であるので。) この極限をしばらく $d(z_0, E)$ と書こう。この数には極値的距離と同様の有用性があるが、二つの但し書きが必要である。まず、これは正の数であるとは限らない。その上、これは等角不変ではない。これらの欠点は新しい量

$$\delta(z_0, E) = d(z_0, E) - d(z_0, \mathcal{C}) \tag{4.24}$$

($\mathcal{C}$ は境界全体) を導入することによって除去できる。$\delta(z_0, E) \geq 0$ は比較原理から直ちに従う。等角不変性は以下の議論の帰結である。

$\delta(z_0, E)$ を z_0 と E の間の**被約極値的距離**と呼ぼう。これと他の不変量を関係づけたい。そのために一つの混合型ディリクレ・ノイマン問題を解き、z_0 において対数的極を持つ調和関数 $G(z, z_0)$ で、E で 0 であり境界の他の部分では $\partial G/\partial n = 0$ をみたすものを用いる。$G(z, z_0)$ は存在し、z_0 の近傍の外部での有界性を仮定すれば一意的である。z_0 におけるその挙動は

$$G(z, z_0) = -\log|z - z_0| + \gamma(E) + \epsilon(z)$$

の形である。ただし $\gamma(E)$ は定数であり、$z \to z_0$ のとき $\epsilon(z) \to 0$ である。E が境界全体である特別な場合には、$G(z, z_0)$ は通常のグリーン関数 $g(z, z_0)$ で、$\gamma(\mathcal{C})$ は z_0 に応じたロバン定数である。$d(\mathcal{C}_r, E)$ を r が小さいときに評価する必要がある。z が $\mathcal{C}_r$ 上を動くときの $G(z, z_0)$ の最大値と最小値をそれぞれ α と β とする。すると定値集合 $L_\alpha = \{z; G(z, z_0) = \alpha\}$ は $\mathcal{C}_r$ 内に、L_β は $\mathcal{C}_r$ の外にあるので、比較原理により

$$d(L_\beta, E) \leq d(\mathcal{C}_r, E) \leq d(L_\alpha, E).$$

一方、定理 4.5 により $d(L_\alpha, E) = 1/D(u)$。ただし $u = G/\alpha$ であり、ディリクレ積分は L_α と $\mathcal{C}$ の間の領域上でとる。$D(G/\alpha) = \alpha^{-2}D(G)$ であり、かつ

$$D(G) = \int_{L_\alpha} G\frac{\partial G}{\partial n}|dz| = 2\pi\alpha$$

なので、$d(\mathcal{C}_r, E) \leq \alpha/2\pi$ を得る。同様に $d(\mathcal{C}_r, E) \geq \beta/2\pi$ である。

$G(z, z_0)$ が上記のような漸近挙動をすることから、α と β はどちらも $-\log r + \gamma(E) + \epsilon(r)$ の形をしている。従って $d(\mathcal{C}_r, E) = (1/2\pi)[-\log r + \gamma(E) + \epsilon(r)]$ となるので、(4.24) から

$$\delta(z_0, E) = \frac{1}{2\pi}[\gamma(E) - \gamma(\mathcal{C})] \tag{4.25}$$

が結論できる。副次的にではあるが、これより $\gamma(\mathcal{C}) \leq \gamma(E)$ が言える。また、等角写像による $G(z, z_0)$ と $g(z, z_0)$ の変換則により、(4.25) の右辺が等角不変であることは明らかである。

　この結果は $\delta(z_0, E)$ が極値的距離の問題と似てはいるが基本的な相違を持つ問題を解くのに役立てば（実際そうであることを示すが）重要性を一段と増すであろう。

定理 4.9. 数 $1/\delta(z_0, E)$ は、以下の性質を持つ関数全体の集合にわたるディリクレ積分 $D(v)$ の最小値である。

　i)　　　　v は劣調和で Ω 上 C^1 級である。

ii)　　　v は $\mathcal{C}$ への連続な拡張を持つ。

iii)　　　E 上で $v(z) \leq 0$ であり、$v(z_0) \geq 1$.

δ と極値的距離との類似は $\rho = |\mathrm{grad}\,v|$ の場合に認められる。実際このときには z_0 と E を結ぶすべての曲線 γ に対して

$$\int_\gamma \rho|dz| \geq 1$$

であるから、この曲線族 Γ に対しては $L(\Gamma, \rho) \geq 1$ であり、その一方 $A(\Omega, \rho) = D(v)$ である。ρ をすべての計量にわたらせれば $L(\Gamma, \rho)/A(\Omega, \rho)$ はいくらでも大きくなるが、定理 4.9 が教えてくれるのは、$|\mathrm{grad}\,v|$（v は劣調和）の範囲に限れば ρ の最大値は $\delta(z_0, E)$ となることである。

定理 4.9 の証明のため、v を $G - g$ と比べよう。v のディリクレ積分が有限なら次式は容易である。

$$D(v, G - g) = \int_{\mathcal{C}} v\frac{\partial(G - g)}{\partial n}|dz| = \int_E v\frac{\partial G}{\partial n}|dz| - \int_{\mathcal{C}} v\frac{\partial g}{\partial n}|dz|. \quad (4.26)$$

右辺の最初の式の被積分項は、$v \leq 0$ かつ $\partial G/\partial n < 0$（$\Omega$ の内部で $G > 0$ で E 上で $G = 0$）より非負である。その次の積分は一般化されたポアソン積分であり、従って v と同じ境界値を持つ調和関数 u の z_0 における値に 2π をかけたものである。v は劣調和だから $v(z_0) \leq u(z_0)$ である。よって

$$-\int_{\mathcal{C}} v\frac{\partial g(z, z_0)}{\partial n}|dz| \geq 2\pi v(z_0) \geq 2\pi.$$

この結果、$D(v, G - g) \geq 2\pi$ となる。

一方 $G - g$ は Ω 全体で調和であり $\gamma(E) - \gamma(\mathcal{C})$ は z_0 での $G - g$ の値なので

$$D(G - g) = \int_{\mathcal{C}} (G - g)\frac{\partial(G - g)}{\partial n}|dz| = -\int_{\mathcal{C}} (G - g)\frac{\partial g}{\partial n}|dz| = 2\pi[\gamma(E) - \gamma(\mathcal{C})].$$

シュワルツの不等式より

$$4\pi^2 \leq D(v, G - g)^2 \leq D(v)D(G - g) = 2\pi[\gamma(E) - \gamma(\mathcal{C})]D(v)$$

となり、(4.25) があるので $1/D(v) \le \delta(z_0, E)$ が示せたことになる。この上限は $G - g$ の定数倍によって達せられる。実際、関数

$$v(z) = \frac{G(z, z_0) - g(z, z_0)}{\gamma(E) - \gamma(\mathcal{C})}$$

は条件（i）〜（iii）と $D(v) = 1/\delta(z_0, E)$ をみたしている。

定理 4.9 を定理 2.4 と並べてみるとよい。すると後者は前者の特殊型になっており、このことから原点と E の被約極値的距離が $-(1/\pi) \log \mathrm{cap} E$ であることがわかる。

練習問題　曲線 γ に対し、$\bar{\gamma}$ でその実軸に関する鏡像を表し、γ^+ で γ の実軸の下側にある部分を折り返して他の部分はそのままにした曲線を表す。$\overline{\Gamma}$ と Γ^+ をこれらに応じた曲線族とするとき、$\lambda(\Gamma) = \lambda(\Gamma^+)$ であることを示せ。

2　　円弧と、円の中心と円周をつなぐ連続体との極値的距離の最大値を求めよ。（答を Λ の関数として表せ。）

3　　三角形の辺に 1,2,3 と番号を振る。Γ が 1 を出発し、2 を通って 3 に達する曲線全体であるとき、$\lambda(\Gamma)$ を求めよ。（答は $\lambda(\Gamma) = 2$。）

4　　2 点 a, b に対して、Γ を 8 の字型の曲線で a の周りの回転数が 1 で b の周りの回転数が -1 であるもの全体としたとき、$\lambda(\Gamma)$ であることを示せ。（上の結果を用いよ。三重連結領域に対する同様の問題は未解決である。）

5　　メビウスの帯上の非分離的な閉曲線族の極値的長さを求めよ。（第 4.4 節の最後にある注意を用いよ。）

付記　　グレッチの論文は 1928-1934 の間のものであり、すべてザクセン科学院紀要（ライプチヒ）［Verhandlungen der Sächsichen Akademie der Wissenschaften, Leipzig］に掲載された。この雑誌は比較的無名に近かったので、グレッチの仕事は長い間広く知られることがなかった。

極値的長さの定義とその基本的なアイディアはボイリングにより、1943-1944 の間に着想されたと推測される。これらは 1946 年にコペンハーゲンで開催されたスカンジナビア数学者会議で、ボイリングとアールフォルス [3] によって読まれた互いに類似した二つの論文で初めて公表された。そこではボイ

リングのその論文は印刷公表されなかった。これについての最初の系統的な理論は 1949 年に基準局（Bureau of Standards）の出版物として共著の形で発表されたが、その最も有名な改訂版が関数論的零集合に関するアールフォルスとボイリングの論文 [4] である。

この経緯によりアールフォルスは極値的長さの発見者の一人とされることがあるのだが、これは共同開発者の一人と言った方がもっと正確であろう。

大津賀による最近の本 [48] には、アールフォルスの講義のうちハーバード大学で行ったものと 1957 年に日本で行ったものにもとづく解説がある。

定理 4.4 と定理 4.5 がボイリングによるものであることはほとんど確実である。

素端と極値的長さの関係は E. シュレジンガー [58] により解明された。

第5章

初等的単葉関数論

5.1. 面積定理

Ω 上の解析関数または有理型関数は、$f(z_1) = f(z_2)$ が $z_1 = z_2$ のときに限り成立するとき**単葉**（univalent または schlicht）であるという。ここでは Ω が単連結な場合だけを扱う。実際には Ω が円板であり、f としては正規化された次の二つの場合だけである。

1) $f \in S$: f は $|z| < 1$ 上単葉かつ正則で、展開
$$f(z) = z + a_2 z^2 + \cdots + a_n z^n + \cdots$$
をもつ。

2) $F \in \Sigma$: F は $|z| > 1$ 上単葉かつ正則で、展開
$$z + \frac{b_1}{z} + \cdots + \frac{b_n}{z^n} + \cdots$$
をもつ。

これらの a_n と b_n がみたすべき必要十分条件を求めることが有名な係数問題である。ビーベルバッハが予測した $|a_n| \leq n$ は $n = 2, 3, 4, 5, 6$ の場合に証明された[6]。

---

[6] ビーベルバッハ予想は1985年、L. ドブランジュにより解決された。最近出版された『複素解析学特論』（楠幸男・須川敏幸著　現代数学社　2019）にはその解説が含まれている。

次の定理は**面積定理**と呼ばれ、はじめグロンウォール [23] によって証明され、ビーベルバッハ [7] によって再発見されたものである。

定理 5.1. $F \in \Sigma$ ならば $\sum_1^\infty n|b_n|^2 \leq 1$.

証明. $\mathcal{C}_\rho$ で円周 $|z| = \rho > 1$ に正の向きを付けたものを表し、

$$I_\rho(F) = \frac{i}{2} \int_{\mathcal{C}_\rho} F d\overline{F}$$

とおく。$F = u + iv$ とし、Γ_ρ で $\mathcal{C}_\rho$ の像を表せば

$$I_\rho(F) = \int_{\Gamma_\rho} u dv$$

となり、初等微積分法によりこれは Γ_ρ が囲む領域の面積になる。従って $I_\rho(F) > 0$ である。

直接の計算で

$$I_\rho(F) = \frac{i}{2} \int_{\mathcal{C}_\rho} \left(z + \sum_1^\infty b_n z^{-n} \right) \left(1 - \sum_1^\infty n\overline{b_n}\,\overline{z}^{-n-1} \right) d\overline{z}$$

$$= \frac{1}{2} \int_{\mathcal{C}_\rho} \left(z + \sum_1^\infty b_n z^{-n} \right) \left(\overline{z} - \sum_1^\infty n\overline{b_n}\overline{z}^{-n} \right) d\theta = \pi \left[\rho^2 - \sum_1^\infty n|b_n|^2 \rho^{-2n} \right].$$

よって $\sum_1^\infty n|b_n|^2 \rho^{-2n} < \rho^2$ であり、定理はこれから $\rho \to 1$ として得られる。

特別な帰結として $|b_1| \leq 1$ が得られる。$z + e^{i\beta}/z$ の単葉性よりこの不等式は最良である。また、この関数が等号が成立する唯一の場合であることは容易に検証できる。

定理 5.2. すべての $f \in S$ に対して $|a_2| \leq 2$ であり、等号は（いわゆる）ケーベ関数 $f(z) = z(1 + e^{i\beta}z)^{-2}$ のときに限って成立する。

証明. $f \in S$ から $F(z) = f(z^{-1})^{-1}$ へと移行することは自然な試みである。F の展開は

$$F(z) = z + (a_2^2 - a_3)z^{-1} + \cdots$$

であるから定理 5.1 を用いると $|a_2^2 - a_3| \leq 1$ が得られる。これはしかし、面白い結果ではあるが目標とは異なる。

そこでファーバーによる有名なトリックを用いよう。$f(z)/z$ は正則で $\neq 0$ だから、h を $h(z) = [f(z)/z]^{\frac{1}{2}}$, $h(0) = 1$ で、従って g を $g(z) = zh(z^2)$ で定義できる。g は単葉である。なぜなら、$g(z_1) = g(z_2)$ とすると $f(z_1^2) = f(z_2^2)$ だから $z_1 = z_2$ または $z_1 = -z_2$ だが、後者の可能性は g が奇関数で $z \neq 0$ に対して $\neq 0$ なので除外できるからである。g の展開は $G(z) = z + \frac{1}{2}a_2 z^3 + \cdots$ なので前の結果より $|a_2| \leq 2$ となる。等号が成立するときは面積定理で $|b_1| = 1$ の場合だから、$F(z) = g(z^{-1})^{-1} = z + e^{i\beta}z^{-1}$ となり、これより $f(z) = z(1 + e^{i\beta}z)^{-2})$ が得られる。ケーベ関数は単位円板を截線 $\{|w| \geq \frac{1}{4}, \arg w = -\beta\}$ の補集合に写像する。ケーベ関数の展開の係数は $|a_n| = n$ をみたす。

不等式 $|a_2| \leq 2$ より直ちに $|f(z)|$ と $|f'(z)|$ の上下からの評価が得られる。これらの評価式を合わせたものを**歪曲定理**と呼ぶ。

定理 5.3. 関数 $f \in S$ は

$$|z|(1 + |z|)^{-2} \leq |f(z)| \leq |z|(1 - |z|)^{-2} \tag{5.1}$$

$$(1 - |z|)(1 + |z|)^{-3} \leq |f'(z)| \leq (1 + |z|)(1 - |z|)^{-3} \tag{5.2}$$

をみたし、等号はケーベ関数のときに限って成立する。

証明. 単位円板の等角自己同型 T に対して $f(Tz)$ を考える。すると $f \circ T$ も単葉である。しかし正規化はされていない。この関数について

$$(f \circ T)' = (f' \circ T)T'$$

$$(f \circ T)'' = (f'' \circ T)T'^2 + (f' \circ T)T''$$

が成り立ち、0 におけるテイラー展開は

$$f \circ T = f(T0) + f'(T0)T'(0)z + \frac{1}{2}[f''(T0)T'(0)^2 + f'(T0)T''(0)]z^2 + \cdots$$

である。定理 5.2 より

$$\left| \frac{f''(T0)}{f'(T0)} T'(0) + \frac{T''(0)}{T'(0)} \right| \le 4.$$

$Tz = (z + \zeta)(1 + \overline{\zeta}z)^{-1}$ $(|\zeta| < 1)$ とおくと $T0 = \zeta, T'(0) = 1 - |\zeta|^2$, $T''(0)/T'(0) = -2\overline{\zeta}$ であるので、上の不等式は

$$\left| \frac{f''(\zeta)}{f'(\zeta)} - \frac{2\overline{\zeta}}{1 - |\zeta|^2} \right| \le \frac{4}{1 - |\zeta|^2} \tag{5.3}$$

となる。

$\log f'(z)$ の分枝を $\log f'(0) = 0$ となるように選ぶ。(5.3) を半径に沿って積分すると

$$\left| \log f'(z) - \int_0^{|z|} \frac{2r dr}{1 - r^2} \right| \le \int_0^{|z|} \frac{4}{1 - r^2}$$

となり、従って

$$\log \frac{1}{1 - |z|^2} - 2 \log \frac{1 + |z|}{1 - |z|} \le \log |f'(z)| \le \log \frac{1}{1 - |z|^2} + 2 \log \frac{1 + |z|}{1 - |z|}.$$

これが二重の不等式 (5.2) である。

(5.2) より直ちに

$$|f(z)| \le \int_0^{|z|} \frac{1 + r}{(1 - r)^3} dr = \frac{|z|}{(1 - |z|)^2}$$

であり、これが (5.1) の右側の不等式である。(5.1) の左側についてだが、$m(r)$ を $|z| = r$ 上の $|f(z)|$ の最小値とする。$|z| < r$ の像は円板 $|w| < m(r)$ を含むので、0 を端点とし $|z| = r$ に達する曲線 γ が存在して

$$m(r) = \int_\gamma |f'(z)| |dz|$$

となる。γ は円周 $|z| = \rho < r$ と交わるので、$|f'(z)|$ の下からの評価より求める評価式

$$m(r) \ge \int_0^r \frac{1 - \rho}{(1 + \rho)^3} d\rho = \frac{r}{(1 + r)^2}$$

が得られる。

　等号が成立するためには、0 から z までの半径上で (5.3) の等号が成立しなければならない。これより $|a_2| = 2$ となり、従って f はケーベ関数でなければならない。

　$r \to 1$ とすると $|f(z)|$ の下限は $\frac{1}{4}$ に近づく。

系 5.1. 単位円板の $f \in S$ による像は、中心が 0 で半径が $\frac{1}{4}$ の円板を含む。

　これが第 2.3 節で容量の応用として証明したケーベの 4 分の 1 定理である。(ケーベはこの定数を求めなかったのだが。)

5.2.　グルンスキーの不等式とゴルージンの不等式

　関数が m 葉であるとは、どの値も高々 m 回しかとらないことをいう。定理 5.1 はこのクラスの関数へと一般化できる。

定理 5.4. F が $|z| > 1$ に対して m 葉な解析関数で、展開

$$F(z) = \sum_{-m}^{\infty} b_n z^{-n} \qquad\qquad b_{-m} \neq 0$$

を持てば

$$\sum_{1}^{\infty} n|b_n|^2 \leq \sum_{1}^{m} n|b_{-n}|^2. \tag{5.4}$$

　証明には m 葉の F に対しても $I_\rho(F)$ が正であることが必要だが、この事実は F が単葉の場合ほどには明白ではないので、これは補題として別に証明しよう。

補題 5.1. F が $|z| > 1$ 上で m 葉で、かつ ∞ で m 位の極を持つとき

$$I_\rho(F) = \frac{i}{2} \int_{|z|=\rho} F d\overline{F} > 0$$

である。

証明. $w \neq \infty$ に対し、$n(w)$ を $|z| > \rho$ をみたす $F(z) = w$ の根の個数とする。C_ρ 上で $F \neq w$ であれば、十分に大きい R に対して

$$n(w) = \frac{1}{2\pi i} \int_{C_R \setminus C_\rho} \frac{dF}{F-w} = m - \frac{1}{2\pi i} \int_{C_\rho} \frac{dF}{F-w}$$

だから

$$\frac{1}{2\pi i} \int_{C_\rho} \frac{dF}{F-w} \leq 0. \tag{5.5}$$

M を $|F(z)|$ の C_ρ 上の最大値より大きい数とし、(5.5) を円板 $|w| < M$ 上で w に関して積分する。この三重積分は絶対収束し、C_ρ の像は零集合を覆うのみであるから

$$\frac{1}{2\pi i} \int_{C_\rho} \left(\int\int_{|w|<M} \frac{dudv}{F-w} \right) dF \geq 0 \quad (w = u + iv). \tag{5.6}$$

上式内の二重積分は標準的な方法で次のように計算できる：

$$\int\int_{|w|<M} \frac{dudv}{F-w} = -\frac{i}{2} \int\int_{|w|<M} \frac{d\overline{w}dw}{F-w}$$
$$= -\frac{i}{2} \int_{|w|=M} \frac{\overline{w}dw}{F-w} + \lim_{\epsilon \to 0} \frac{i}{2} \int_{|w-F|=\epsilon} \frac{\overline{w}dw}{F-w}.$$

最初の積分が 0 であることは $\overline{w} = M^2/w$ とおけば了解され、その次の極限の値は $\pi\overline{F}$ である。よって

$$\int\int_{|w|<M} \frac{dudv}{F-w} = \pi\overline{F}$$

であるから、これを (5.6) に代入して $I_\rho(F) \geq 0$ を得る。

定理はこの補題から、$I_\rho(F)$ を定理 5.1 のように書き下すことによって導ける。つまり、定理 5.4 の記号では

$$\sum_{-m}^{\infty} n|b_n|^2 \leq 0$$

となり、正の項と負の項を分ければ定理 5.4 が得られる。

系 5.2. 定理 5.4 の仮定と記号の下で

$$\sum_1^m n|b_n||b_{-n}| \leq \sum_1^m n|b_{-n}|^2. \tag{5.7}$$

　m 葉関数論が単葉関数論以上に興味深いとは言いにくいので、定理 5.4 の主な存在意義は単葉関数論への応用にあるということになろう。P_m を m 次多項式とし、$F \in \Sigma$（単葉かつ ∞ に極を持つ）とすると、$P_m(F)$ は m 葉で ∞ で m 位の極を持つ。ゆえに、$P_m(F)$ の係数は (5.4) と (5.7) をみたす。このようにして、F の係数についての大量の情報が間接的な形で得られる。章末の練習問題で、この情報を具体的な不等式へと移し替える手法を示そう。(5.4) から得られる不等式はゴルージンの不等式と呼ばれる。グルンスキーの不等式はこれより先に発見されたが、これは (5.7) の容易な帰結である。

5.3. $|a_4| \leq 4$ の証明

　不等式 $|a_4| \leq 4$ はガラベディアンとシッファー [21] によってはじめて示された[7]。のちにシャルチンスキーとシッファー [14] は、$|a_4| \leq 4$ がグルンスキーの不等式から直接にもっと少ない労力で導けるという、重要な発見をした。ここではそれに倣ってではあるが、(5.7) ではなく (5.4) を用いよう。

$$F(z) = z + b_1 z^{-1} + b_3 z^{-3} + b_5 z^{-5} + \cdots \tag{5.8}$$

を $|z| > 1$ 上の単葉な奇関数とし、

$$F(z)^3 = z^3 + c_{-1} z + c_1 z^{-1} + c_3 z^{-3} + \cdots$$

とおく。これらの係数の関係は

$$\begin{aligned}
c_{-1} &= 3b_1 \\
c_1 &= 3b_1^2 + 3b_3 \\
c_3 &= b_1^3 + 6b_1 b_3 + 3b_5
\end{aligned} \tag{5.9}$$

---

[7] この論文の計算には電子計算機が使われた。

である。複素助変数 t を導入し、定理 5.4 を 3 葉で 3 重の極を持つ関数 $F(z)^3 + tF(z)$ に適用すると

$$|tb_1 + c_1|^2 + 3|tb_3 + c_3|^2 \leq |t + c_{-1}|^2 + 3 \tag{5.10}$$

となり、これを整理すれば

$$(1-|b_1|^2-3|b_3|^2)|t|^2+2\mathrm{Re}t(\bar{c}_{-1}-b_1\bar{c}_1-3b_3\bar{c}_3)+3+|c_{-1}|^2-|c_1|^2-3|c_3|^2 \geq 0.$$

面積定理から既にわかっていることだが、$|t|^2$ の係数は非負である。さらにこの 2 次式の正値性より

$$|\bar{c}_{-1}-b_1\bar{c}_1-3b_3\bar{c}_3|^2 \leq (1-|b_1|^2-3|b_3|^2)(3+|c_{-1}|^2-|c_1|^2-3|c_3|^2). \tag{5.11}$$

よって c_3 は一つの閉円板

$$|c_3 - \omega| \leq \rho \tag{5.12}$$

の中にある。ω と ρ の具体形を求めるために (5.11) を変形して次の形にする。

$$\left| c_3 - \frac{b_3(c_{-1}-\bar{b}_1 c_1)}{1-|b_1|^2} \right|^2 \leq \frac{(1-|b_1|^2-3|b_3|^2)(3+|c_{-1}|^2-|c_1|^2)}{3(1-|b_1|^2)}$$

$$- \frac{|c_{-1}-\bar{b}_1 c_1|^2}{3(1-|b_1|^2)} + \frac{|b_3|^2|c_{-1}-\bar{b}_1 c_1|^2}{(1-|b_1|^2)^2}.$$

これと (5.9) により

$$\omega = 3b_1 b_3 - \frac{3\bar{b}_1 b_3^2}{1-|b_1|^2} \tag{5.13}$$

が得られ、恒等式

$$|c_{-1}-\bar{b}_1 c_1|^2 - |b_1 c_{-1} - c_1|^2 = (|c_{-1}|^2 - |c_1|^2)(1-|b_1|^2)$$

を用いれば、ρ は驚くほど簡単な値

$$\rho = \frac{1-|b_1|^2-3|b_3|^2}{1-|b_1|^2} \tag{5.14}$$

を持つことが判明する。

$f(z) = z + a_2 z^2 + \cdots$ を $|z| < 1$ で単葉な関数とし、$F(z) = f(z^{-2})^{-\frac{1}{2}}$ と
おく。すると F は単葉で (5.8) の形をしており、係数間の関係は

$$a_2 = -2b_1$$
$$a_3 = -2b_3 + 3b_1^2$$
$$a_4 = -b_5 + 6b_1 b_3 - 4b_1^3$$

である。これらの関係式と (5.9) および (5.13) より

$$c_3 - \omega = -\frac{3}{2}a_4 - 5b_1^3 + 12b_1 b_3 + \frac{3\bar{b}_1 b_3^2}{1 - |b_1|^2}$$

を得、(5.13) と (5.14) より

$$|a_4| \leq \left| \frac{10}{3}b_1^3 - 8b_1 b_3 - \frac{2\bar{b}_1 b_3^2}{1 - |b_1|^2} \right| + \frac{2}{3} - \frac{2|b_3|^2}{1 - |b_1|^2} \tag{5.15}$$

を得る。

$b_1 = 0$ ならば証明すべきことはない。$b_1 \neq 0$ ならば $b_3 = sb_1^2$ とおける。こ
れを (5.15) に代入すると

$$|a_4| \leq \frac{2|b_1|^5}{1 - |b_1|^2} \left| s^2 + 4 \left(s - \frac{5}{3} \right) \frac{1 - |b_1|^2}{|b_1|^2} \right| + \frac{2}{3} - \frac{2|s|^2 |b_1|^4}{1 - |b_1|^2}. \tag{5.16}$$

右辺第一項の 2 次式の絶対値を評価する必要があるが、一般に実数 α と $\beta > 0$
に対して

$$|s^2 + 2\alpha s - \beta|^2 \leq 1 + \frac{\alpha^2}{\beta}(|s|^2 + \beta)^2 \tag{5.17}$$

が成り立つことを示そう。

$\mathrm{Re}\, s = u$ とおく。$\mathrm{Re}\, s^2 = 2u^2 - |s|^2$ より

$$|s^2 + 2\alpha\beta - \beta|^2 = |s|^4 + (4\alpha^2 + 2\beta)|s|^2 + \beta^2 + 4\alpha(|s|^2 - \beta)u - 4\beta u^2$$

となるから、この式の右辺で $|s|$ を固定して変数 u に関する最大値をとれば
(5.17) が得られる。

(5.17) を (5.16) に用いると

$$|a_4| \leq \frac{2|b_1|^2}{1 - |b_1|^2} \left(\frac{12 - 7|b_1|^2}{5} \right)^{\frac{1}{2}} \left(|s|^2 |b_1|^2 + \frac{5}{3} - \frac{5}{3}|b_1|^2 \right) + \frac{2}{3} - \frac{2|s|^2 |b_1|^4}{1 - |b_1|^2}.$$

この式の右辺は $|b_1| \leq 1$ より $|s|$ に関して増加関数であることがわかるから、$|s|^2$ をその上界 $\frac{1}{3}(1 - |b_1|^2)|b_1|^{-4}$ で置き換えると

$$|a_4| \leq \frac{2 + 10|b_1|^2}{3} \left(\frac{12 - 7|b_1|^2}{5} \right)^{\frac{1}{2}}$$

が得られる。$1 - |b_1|^2 = \lambda$ とおくと最終的な不等式

$$|a_4|^2 \leq \frac{4}{45}(6 - 5\lambda)^2(5 + 7\lambda) = 16 - \frac{64}{15}\lambda - \frac{4}{9}\lambda^2(59 - 35\lambda) \leq 16$$

が得られるが、これは $|a_4| \leq 4$ よりもやや強い。例えば

$$16 - |a_4|^2 \geq \frac{16}{15}(4 - |a_2|^2). \tag{5.18}$$

付記　　面積定理から $|a_2| \leq 2$ を経由して歪曲定理を導く筋道は、R. ネヴァンリンナ [47] によってはじめて指摘された。この議論は $|a_2| \leq \alpha$ をみたす関数族へと拡張された。

　グルンスキーの不等式が現れたのはグルンスキーの論文 [25] だが、そこではもっと一般的な状況が扱われている。ゴルージンの不等式に関しては最良の文献は彼の著書 [22] である。ゴルージンの方法はやや変形された形でジェンキンス [33] やポメレンケ [53,54] にも見られる。ファーバー多項式については素晴らしい解説がカーチス [16] にある。(5.18) の証明は M.A. ラヴレンティエフを顕彰するロシア語の雑誌に掲載された。

練習問題

1　　$F(z) = z + \sum_1^\infty b_n z^{-n}$ が $|z| > 1$ 上解析的であるとき、等式

$$\frac{F'(\zeta)}{F(\zeta) - w} = \sum_0^\infty P_m(w)\zeta^{-m-1}$$

において、P_m は最高次の係数が 1 の m 次多項式であることを示せ。この展開は（w に応じた）$\zeta = \infty$ の近傍上で成立する。

　P_m を F に付随するファーバー多項式という。

2　　　上と同じ条件の下で、展開式

$$\log \frac{F(\zeta) - F(z)}{\zeta - z} = -\sum_{m=1}^{\infty} \sum_{n=1}^{\infty} b_{mn} \zeta^{-m} z^{-n}$$

が、対数の適当な分枝を選ぶことにより、$|\zeta|$ と $|z|$ が十分大であれば成立することを（議論の詳細を省かずに）証明せよ。

さらに

$$P_m[F(z)] = z^m + m \sum_{n=1}^{\infty} b_{nm} z^{-n}$$

を示し、P_m は多項式 P のうちで $P[F(z)]$ の ∞ における特異部が z^m であるようなものとして特徴づけられることを示せ。

3　　　この F が単葉であるとする。定理 5.4 を $P = \sum_{k=1}^{m} k^{-1} t_k P_k$ $(t_k \in \mathbb{C})$ に適用して

$$\sum_{n=1}^{\infty} n \left| \sum_{k=1}^{\infty} b_{kn} t_k \right|^2 \le \sum_{k=1}^{\infty} k^{-1} |t_k|^2 \qquad （\text{ゴルージン}）$$

$$\left| \mathrm{Re} \sum_{k,n=1}^{\infty} b_{kn} t_k t_n \right| \le \sum_{k=1}^{\infty} k^{-1} |t_k|^2 \qquad （\text{グルンスキー}）$$

を示せ。

4　　　逆に、F が上の不等式をすべてみたせば単葉になることを、練習問題 2 の級数が $|\zeta| > 1,\ |z| > 1$ の範囲で収束することを示すことにより証明せよ。

第6章

レウナーの方法

6.1. 截線写像による近似

単葉関数についてまだ非常に初等的な結果しか知られていなかった 1923 年、レウナーが $|a_3| \leq 3$ を証明したことは目覚ましい功績であった。奇数次の係数の評価に関してグルンスキーの不等式が有効でないことは、実験結果のような経験的事実である。レウナーの方法はいたって単純そのものである一方精妙な側面があり、その有用性は係数問題に限定されない[8]。

f は閉単位円板上で単葉解析的であるとしよう。いったんは正規化条件 $f'(0) = 1$ を外し、その代わり $|z| \leq 1$ 上で $|f(z)| < 1$, $f(0) = 0$, $f'(0) > 0$ とする。このとき像 B は単位円板に含まれるが、この B を、単位円板の単連結な部分領域の族で実 1 変数に依存するもので近似する。具体的には、単位円周の 1 点から出発して B の境界点に達し、そこから B の境界を一周し終えるという、截線の 1-パラメータ族を単位円板から除いてできる領域の族を考える（図 6.1）。この截線の方程式を $w = \gamma(t)$, $0 \leq t < t_0$ と書く。ただし γ は連続かつ 1 対 1 である。B_t で曲線 $\gamma[0,t]$ の補集合を表す。截線は $t = t_0$ で閉じるので $B_{t_0} = B$ とおく。$t \to t_0$ のとき B_t が不連続に変化することに注意しよう。

---

[8] この方法は最近確率過程の解析にも応用されている。

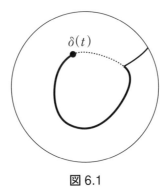

図 6.1

$f_t(z)$ を $|z| < 1$ から B_t へのリーマン写像 $(f_t(0) = 0, f'_t(0) > 0)$ とする。境界対応の理論より（第 4.6 節）f_t は $|z| \leq 1$ まで連続に拡張され、従って $|z| = 1$ 上に $f_t[\lambda(t)] = \gamma(t)$ をみたす唯一の点 $\lambda(t)$ が決まる。次にこれについていくつかの連続性を確かめよう。$t < \tau < t_0$ に対して $h_{t\tau} = f_t^{-1} \circ f_\tau$ は $|z| < 1$ 上単葉であり、閉円板 $|z| \leq 1$ 上に連続に拡張できる。$h_{t\tau}$ は図 6.2 で示されたようなものであることを確認されたい。

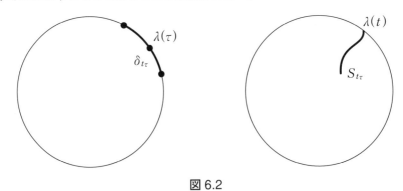

図 6.2

図の説明だが、截線 $S_{t\tau} = f_t^{-1}(\gamma[t, \tau])$ に写像される円弧 $\delta_{t\tau} = f^{-1}(\gamma[t, \tau])$ 以外の部分では、単位円周はそれ自身へと写像される。τ を固定して t を τ に近づけると、$\delta_{t\tau}$ は縮小して $\lambda(\tau)$ になる。同様に、t を固定して τ を t まで減少させると、截線 $S_{t\tau}$ は $\lambda(t)$ へと縮んで行く。

$\tau = t_0$ の場合は分けて考える必要がある。$\delta_{tt_0} = f_{t_0}^{-1}(\gamma[t, t_0])$ はやはり単位円周上の弧で、$t \nearrow t_0$ のときその端点 $\lambda(t_0)$ へと収縮するが、その像 S_{tt_0} はもはや截線ではなく、一端が $\lambda(t)$ であるような円弧である。

補題 6.1. $|f_t^{-1}(w)|$ は狭義単調増加であり、$f_t'(0)$ は t に関して狭義単調減少である。

証明. シュワルツの補題から直ちに従う。実際、$|z| < 1$ のとき $|h_{t\tau}(z)| < 1$ かつ $h_{t\tau}(0) = 0$ なので $|h_{t\tau}(z)| \leq |z|$ であるが、これと $|f_t^{-1}(w)| \leq |f_\tau^{-1}(w)|$ は同値である。$w = 0$ においてこれより $|f_t'(0)| \geq |f_\tau'(0)|$ が従う。$h_{t\tau}$ は恒等写像ではないのでどちらの場合も等号は成立しない。

補題 6.2. $f_t'(0)$ と $f_t^{-1}(w)$ は左半連続である。

証明. ポアソン・シュワルツの積分表示

$$\log \frac{h_{t\tau}(z)}{z} = \frac{1}{2\pi} \int_0^{2\pi} \frac{e^{i\theta} + z}{e^{i\theta} - z} \log |h_{t\tau}(e^{i\theta})| d\theta \tag{6.1}$$

を応用しよう。被積分関数は $\delta_{t\tau}$ 以外で 0 だから、$z = f_\tau^{-1}(w)$ とおいて

$$\log \frac{f_t^{-1}(w)}{f_\tau^{-1}(w)} = \frac{1}{2\pi} \int_{\delta_{t\tau}} \frac{e^{i\theta} + f_\tau^{-1}(w)}{e^{i\theta} - f_\tau^{-1}(w)} \log |h_{t\tau}(e^{i\theta})| d\theta \tag{6.2}$$

を得る。$w = 0$ のときこれは

$$\log \frac{f_\tau'(0)}{f_t'(0)} = \frac{1}{2\pi} \int_{\delta_{t\tau}} \log |h_{t\tau}(e^{i\theta})| d\theta \tag{6.3}$$

となる。

補題 6.1 により、t が τ へと増加するとき $f_t'(0)$ は極限値 $\geq f_\tau'(0)$ を持つ。この値を $e^\alpha f_\tau'(0)$ $(\alpha \geq 0)$ と書くと、補題 6.2 と (6.3) より

$$\lim_{t \nearrow \tau} \frac{1}{2\pi} \int_{\delta_{t\tau}} \log |h_{t\tau}| d\theta = -\alpha. \tag{6.4}$$

$\delta_{t\tau}$ は一点へと収縮するから、(6.1) または (6.2) を (6.4) と比較して

$$\lim_{t \nearrow \tau} h_{t\tau}(z) = z\exp\left[-\alpha \frac{\lambda(\tau) + z}{\lambda(\tau) - z}\right] \tag{6.5}$$

が直ちに得られる。この右辺の関数は単葉関数の極限なので単葉であるかまたは定数である。もし $\alpha > 0$ ならばどちらの場合も起こらない。なぜならこのとき半径方向に沿って $z \to \lambda(\tau)$ としたとき関数値は 0 に収束するからである。よって $\alpha = 0$ でなければならず、$f_t'(0)$ の左側半連続性が示された。同時に、(6.5) が

$$\lim_{t \nearrow \tau} h_{t\tau}(z) = z \tag{6.6}$$

となることから $f_t^{-1}(w) \to f_\tau^{-1}(w)$ $(w \in B)$ がわかる。$\tau = t_0$ のときも同様である。

　この証明は、$\lambda(\tau)$ を含まない $|z| \leq 1$ の任意の閉集合上で (6.6) の収束が一様であることをも示している。

補題 6.3. $f_t'(0)$ と $f_t^{-1}(w)$ は右側半連続である。

　今度は t を固定して τ を t へと減少させる。$S_{t\tau}$ は 1 点に収縮するから、$h_{t\tau}^{-1}(\zeta) = f_\tau^{-1}(f_t(\zeta))$ は最終的にはどんな円板 $|\zeta| < 1 - \epsilon$ $(0 < \epsilon < 1)$ 上でも定義される。シュワルツの補題により $|h_{t\tau}^{-1}(\zeta)| \leq (1 - \epsilon)^{-1}|\zeta|$, すなわち $|f_\tau^{-1}(w)| \leq (1 - \epsilon)^{-1}|f_t^{-1}(w)|$ である。既に $|f_t^{-1}| < |f_\tau^{-1}|$ を示してあるので、$|f_t^{-1}|$ の右側連続性はこれで示せた。f_t^{-1} については特に工夫を要する点はなく、例えばポアソン・シュワルツの積分表示を用いればよい。

補題 6.4. $t \nearrow \tau$ のとき $S_{t\tau}$ は $\lambda(\tau)$ に収束し、$\tau \searrow t$ のとき $\delta_{t\tau}$ は $\lambda(t)$ に収束する。

　これを証明するには偏角の原理が最も適している。まず $h_{t\tau}$ と $h_{t\tau}^{-1}$ が単位円周に関する反転で、$h_{t\tau}$ は $\delta_{t\tau}$ の補集合へと拡張され、$h_{t\tau}-1$ は $S_{t\tau}$ とその鏡像の和集合の補集合に拡張されることに注意しよう。C_ϵ で中心が $\lambda(\tau)$ で十分小さな半径 ϵ をもつ円周を表すと、すでに指摘した通り $h_{t\tau}(z)$ は $\lambda(\tau)$ を含まぬ任意の閉集合上で一様に z に収束する。反転を施した後でもそうなので、収束性は C_ϵ 上で成立する。t が τ に近ければ、C_ϵ の像は C_ϵ に近く、従って特に、$\lambda(\tau)$ を中心とする円で C_ϵ の外側の 1 点 ζ を通るものに含まれる。ゆえ

に像曲線の ζ の周りの回転数は 0 なので、$h_{t\tau} - \zeta$ は C_ϵ の外で極と同数の零点を持つ。この関数は ∞ で極を持つので、h は ζ を値に持たねばならない。一方、$S_{t\tau}$ 上の点は h の値域に含まれないから、これにより $S_{t\tau}$ は C_ϵ に含まれることが示された。$\tau = t_0$ に対してもこの議論で同様の結論が得られる。

残りの部分は偏角の原理を $h_{t\tau}^{-1}$ に用いることによって同様に証明できる。しかしここには少し工夫を要する点があることに注意を喚起したい。補題 6.3 の証明は、収束 $h_{t\tau}^{-1}(\zeta) \to \zeta$ の一様性を開円板内のコンパクト部分集合上で保証しているにすぎず、ここで必要なのは C_ϵ 上での一様性だからである。この欠点を補うために $h_{t\tau}^{-1}$ を $|\zeta| = 2$ と $C_{\epsilon'}$ $(\epsilon' < \epsilon)$ 上のコーシー積分で表す。すると $C_{\epsilon'}$ 上の積分は $\epsilon' \to 0$ のとき 0 に収束するから、$\lambda(t)$ を含まない任意のコンパクト集合上で、従って特に C_ϵ 上でも、$h_{t\tau}^{-1}$ が恒等写像へと一様に収束することがわかる。

補題 6.5. $\lambda(t)$ は連続である。

証明. $\lambda(t) \in S_{t\tau}$ かつ $\lambda(t) \in \delta_{t\tau}$ なので、これは補題 6.4 から従う。

6.2. レウナーの微分方程式

$f_t'(0)$ は連続で狭義単調増加であることが示せたので、$-\log f_t'(0)$ を新しい変数として選ぶことが可能である。つまり $f_t'(0) = e^{-t}$ としてもよい。この正規化により、(6.3) は

$$t - \tau = \frac{1}{2\pi} \int_{\delta_{t\tau}} \log |h_{t\tau}(e^{i\theta})| d\theta \tag{6.7}$$

となる。(6.2) と (6.7) より

$$\frac{\partial}{\partial t} \log f_t^{-1}(w) = \frac{\lambda(t) + f_t^{-1}(w)}{\lambda(t) - f_t^{-1}(w)}. \tag{6.8}$$

実際、$f_t^{-1}(w)$ は連続で、$\delta_{t\tau}$ は $t \nearrow \tau$ のときは自動的に、$\tau \searrow t$ のときは補題 6.4 の後半の主張により、1 点に収縮するからである。

(6.8) は f_t^{-1} ではなく f_t についての微分方程式として書いておく方がよいだろう。f_t^{-1} は w について微分が 0 でないから、陰関数の定理より f_t は可微分であって、$w = f_t(z)$ のとき

$$\frac{\partial f_t^{-1}(w)}{\partial t} + \frac{\partial f_t^{-1}(w)}{\partial w}\frac{\partial f_t(z)}{\partial t} = 0.$$

この式を (6.8) に代入すれば

$$\frac{\partial f_t(z)}{\partial t} = -f_t'(z)z\frac{\lambda(t)+z}{\lambda(t)-z} \tag{6.9}$$

これが有名な**レウナーの微分方程式**である。

6.3. $|a_3| \leq 3$ の証明

$f_t(z) = e^{-t}[z + a_2(t)z^2 + a_3(t)z^3 + \cdots]$ と書こう。この級数が項別に微分可能であることを見るには、f_t およびその z に関する導関数 $D^n f_t$ を、例えば $|z| = \frac{1}{2}$ 上でコーシー積分で表せばよい。これらの積分は t に関して積分記号下で微分できるので、$\partial D^n f_t/\partial t = D^n(\partial f_t/\partial t)$ となる。ゆえに $a_n'(t)$ が存在して

$$\frac{\partial f_t}{\partial t} = -e^{-t}(z + a_2 z^2 + a_3 z^3 + \cdots) + e^{-t}(a_2' z^2 + a_3' z^3 + \cdots)$$

である。

(6.9) の右辺に

$$f_t'(z) = e^{-t}(1 + 2a_2 z + 3a_3 z^2 + \cdots)$$

および

$$\frac{\lambda + z}{\lambda - z} = 1 + \frac{2z}{\lambda} + \frac{2z^2}{\lambda^2} + \cdots$$

を代入する。係数を比較して

$$a_2' - a_2 = -2a_2 - 2\lambda^{-1}$$

$$a_3' - a_3 = -3a_3 - 4a_2\lambda^{-1} - 2\lambda^{-2}$$

が得られるが、これらは

$$\frac{d}{dt}(a_2 e^t) = -2\lambda^{-1} e^t$$

$$\frac{d}{dt}(a_3 e^{2t}) = (-4a_2\lambda^{-1} - 2\lambda^{-2})e^{2t}$$

と書き直せる。$t = 0$ に対して $a_2 = a_3 = 0$ であることを思い出そう。このことから、積分によって

$$a_2(\tau)e^\tau = -2\int_0^\tau e^t \lambda^{-1} dt$$

$$a_3(\tau)e^{2\tau} = 4\left(\int_0^\tau e^t \lambda^{-1} dt\right)^2 - 2\int_0^\tau e^{2t}\lambda^{-2} dt$$

が得られる。$\lambda = e^{i\theta}$ とおき、最後の等式の実部をとれば

$$\mathrm{Re}\, a_3(\tau)e^{2\tau} = 4\left(\int_0^\tau e^t \cos\theta dt\right)^2 - 4\left(\int_0^\tau e^t \sin\theta dt\right)^2 - 2\int_0^\tau e^{2t}(2\cos^2\theta - 1)dt.$$

コーシー・シュワルツの不等式より評価式

$$\left(\int_0^\tau e^t \cos\theta dt\right)^2 < e^\tau \int_0^\tau e^t \cos^2\theta dt$$

が成り立つので

$$\mathrm{Re}\, a_3(\tau)e^{2\tau} < 4\int_0^\tau e^t(e^\tau - e^t)\cos^2\theta dt + e^{2\tau} - 1$$

が得られる。

$t < \tau$ かつ $\cos^2\theta \le 1$ であるので

$$\mathrm{Re}\, a_3(\tau)e^{2\tau} < 4\int_0^\tau e^t(e^\tau - e^t)dt + e^{2\tau} - 1 = 3e^{2\tau} - 4e^\tau + 1 < 3e^{2\tau}.$$

これですべての τ に対して $\mathrm{Re}\, a_3(\tau) < 3$ であることが言えたので、元の関数 $f(z) = e^{t_0}(z + a_2 z^2 + a_3 z^3 + \cdots)$ に対して $\mathrm{Re}\, a_3 < 3$ である。この結果を $e^{-i\alpha}f(e^{i\alpha}z)$ に適用すれば、f が境界上でも解析的な場合に $|a_3| < 3$ となり、

従って任意の正規化された単葉関数に対して $|a_3| \le 3$ が成り立つ。

付記　　基本的な文献はレウナーの論文 [36] である。そこの証明はレウナーの補題（本書 1.4 節を見よ）を使うものであった。この方法は他の変分学的方法との組み合わせによって、より一般的な問題に対して広く用いられてきた。

第7章

シッファー変分

7.1. グリーン関数の変分

Ω は平面領域でありグリーン関数 $g(z, \zeta)$ を持つとする。Ω をそれに近い領域 Ω^* で置き換えたとき $g(z, \zeta)$ がどう変化するかを調べたい。直接的には g を境界上の積分で表す方法があるが、これには境界の可微分性を仮定しなければならないという重大な欠点がある。というのも、極値問題にこの変分を応用する際には、境界があらかじめ可微分曲線かどうかわからない状況だからである。シッファー [57] が**内部変分**の方法を考案したのは、この難点を克服するためであった。これは原理的には非常に単純な方法だが、計算には多少の忍耐を要する。

一点 $z_0 \in \Omega$ および z_0 を中心とする小さな半径 ρ を持つ円周 c を考えよう。z_0 を固定して ρ を 0 に近づける。また、実数 α を固定する。このとき関数

$$z^* = z + \rho^2 e^{i\alpha}(z - z_0)^{-1} \tag{7.1}$$

は c の外側の領域を、z_0 を中点とする長さが 4ρ で傾きが $\alpha/2$ の線分の補集合上に写像する[9]。Ω の補集合 E が集合 E^* に写像されるとき、その補集合 Ω^* は領域である。Ω^* のグリーン関数を g^* で表す。目標は、ρ が 0 に近づくときの $\delta g(z, \zeta) = g^*(z, \zeta) - g(z, \zeta)$ の漸近挙動を表現することである。

$g(z, \zeta)$ の存在は仮定しているが、g^* の存在は暗黙裡に次の補題の証明に含まれている。この補題は、予備的な粗い評価を得るために用いられる。

---

[9] いわゆるジューコフスキー変換である。

補題 7.1. 関数 $g^*(z, \zeta)$ とその偏微係数は、z と ζ が Ω のコンパクト集合を動き $|z - \zeta|$ が一定の正の数以上であれば一様に有界である。

証明. $g(z, \zeta) = g(\zeta, z)$ なので ζ を固定して示せば十分である。反転 $z' = 1/(z - \zeta)$ は Ω を拡張された平面上の領域 Ω' に写像する。明らかに、$g'(z') = g(\zeta + 1/z', \zeta)$ は ∞ を極とする Ω' のグリーン関数である。Ω^* に対する $\Omega^{*\prime}$ と $g^{*\prime}$ も同様の意味とする。$g^{*\prime}$ とその微係数が Ω' の任意のコンパクト集合上で一様に有界であることが言えれば十分である。そのようなコンパクト集合は ρ が十分小さければ $\Omega^{*\prime}$ に含まれるので、$\rho \leq \rho_0$ に対する一様な評価があることを言えばよい。$g'(z') = \log |z'| + \gamma' + O(1)$ であることを思い出そう。ロバン定数 γ' は Ω' の補集合 E' の超越直径と $\gamma' = -\log d_\infty$ で結ばれている。定義より d_∞ は d_n の極限であり、d_n は E' 内の n 点の相互間の距離 $|z'_i - z'_j|$ の幾何学平均の最大値であった。

(7.1) から

$$z_i^{*\prime} - z_j^{*\prime} = (z'_i - z'_j) \frac{z_i^{*\prime} z_j^{*\prime}}{z'_i z'_j} \left[1 - \frac{\rho^2 e^{i\alpha}}{(z_i - z_0)(z_j - z_0)} \right] \tag{7.2}$$

を得る。記号の意味は自明であろう。簡単な計算で、$|z_i^{*\prime}|/|z'_i| = 1 + O(\rho^2)$ が $z'_i \in E'$ に関して一様に成立することがわかり、同様に (7.2) の最後の因子も $1 + O(\rho^2)$ であることがわかる。これより直ちに $d_\infty^* = d_\infty[1 + O(\rho^2)]$ と $\gamma^{*\prime} = \gamma' + O(\rho^2)$ が従う。

Ω' は可微分な境界を持つ領域の列 Ω'_n で内部から近似できる。記号の節約のため、今 Ω' 自身が可微分な境界を持つとしよう。するとグリーンの公式を使う普通の方法で

$$g'(z) = \gamma' - \frac{1}{2\pi} \int_{\partial \Omega'} \frac{\partial g'}{\partial n_t} \log |t - z| |dt| \tag{7.3}$$

となる。ただし n_t は外向きで、それゆえ $\partial g'/\partial n_t < 0$ である。(7.3) から

$$g'(z) \leq \gamma' + \max_{t \in \partial \Omega'} \log |t - z|$$

が結論できる。

　この式はすべての Ω'_n に対して成り立つので、任意の境界を持つ Ω' に対しても成り立つ。同じことを $\Omega^{*\prime}$ に対して適用すれば、この不等式から $g^{*\prime}$ が各コンパクト集合上で一様有界であることが従う。ポアソンの積分公式を使う通常の方法で、$g^{*\prime}$ の微係数についてもそうであることが示せるので、補題の証明が完了する。

　差 $g^*(z,\zeta)-g(z,\zeta)$ を $\delta_1(z,\zeta)=g^*(z^*,\zeta^*)-g(z,\zeta)$ と $\delta_2(z,\zeta)=g^*(z,\zeta)-g^*(z^*,\zeta^*)$ の和として書こう。まず最初に、z と ζ は円 c の外側にあるとし、z^* と ζ^* は (7.1) で与えられるとしよう。差分 $\delta_1(z,\zeta)$ は c の関数として Ω の外側で Ω 内にある部分で定義され、かつ調和関数である。この関数は $\partial\Omega$ 上で 0 であり、ζ で特異点を持たない。ゆえにグリーンの公式により

$$\delta_1(z,\zeta)=-\frac{1}{2\pi}\int_c\left[\delta_1(t,\zeta)\frac{\partial g(t,z)}{\partial n_t}-g(t,z)\frac{\partial\delta_1(t,\zeta)}{\partial n_t}\right]|dt|. \qquad (7.4)$$

一方

$$\int_c\left[g(t,\zeta)\frac{\partial g(t,z)}{\partial n_t}-g(t,z)\frac{\partial g(t,\zeta)}{\partial n_t}\right]|dt|=0$$

であるから (7.4) を書き換えることができて

$$\delta_1(z,\zeta)=-\frac{1}{2\pi}\int_c\left[g^*(t^*,\zeta^*)\frac{\partial g(t,z)}{\partial n_t}-g(t,z)\frac{\partial g^*(t^*,\zeta^*)}{\partial n_t}\right]|dt| \qquad (7.5)$$

を得る。補題 7.1 の証明と同様に、この式はまず可微分な境界を持つ Ω_n に対して証明されるが、結果は任意の Ω に対しても成立するのである。

　便宜上、次の記号を導入する。

$$\Gamma(z,\zeta)=\frac{\partial g(z,\zeta)}{\partial z}=\frac{1}{2}\left(\frac{\partial g}{\partial x}-i\frac{\partial g}{\partial y}\right)$$

$$\Gamma^*(z,\zeta)=\frac{\partial g^*(z,\zeta)}{\partial z}.$$

これらの関数は z に関して解析的であり、(7.5) は

$$\delta_1(z,\zeta)=\frac{1}{\pi}\mathrm{Im}\int_c\left[g^*(t^*,\zeta^*)\Gamma(t,z)-g(t,z)\Gamma^*(t^*,\zeta^*)\frac{dt^*}{dt}\right]dt \qquad (7.6)$$

という形になる。ただし積分は左回りに取っている。(7.6) の右辺第一項に、展開式

$$g^*(t^*, \zeta^*) = g^*(z_0, \zeta^*) + \Gamma^*(z_0, \zeta^*)(t^* - z_0) + \overline{\Gamma}^*(z_0, \zeta^*)(\overline{t}^* - z_0) + O(\rho^2)$$

を代入しよう。この剰余項は $g^*(t, \zeta^*)$ の $|t - z_0| \leq 2\rho$ における 2 階の微分を含んでいる。補題 7.1 より、この項の評価は ζ が z_0 から一定以上離れていれば一様である。留数を用いてこの積分の値を求めよう。$\Gamma(t, z)$ は t に関して c 内で正則であり、$t^* - z_0$ は z_0 で留数が $\rho^2 e^{i\alpha}$ であるような極を持つ。また c 上で $\overline{t}^* - \overline{z}_0 = \rho^2/(t - z_0) + e^{-i\alpha}(t - z_0)$ であり、この式の右辺の留数は ρ^2 である。よって

$$\int_c g^*(t^*, \zeta^*)\Gamma(t, z)dt = 2\pi i \Gamma(z_0, z)\left[\Gamma^*(z_0, \zeta^*)e^{i\alpha} + \overline{\Gamma}^*(z_0, \zeta^*)\right]\rho^2 + O(\rho^3). \tag{7.7}$$

(7.6) の右辺第二項に関しては、3 つの因子をすべて展開しなければならない。$|t - z_0| = \rho$ に対してこれらの展開を書けば

$$g(t, z) = g(z_0, z) + \Gamma(t - z_0) + \overline{\Gamma}(z_0, z)\frac{\rho^2}{t - z_0} + O(\rho^2)$$

$$\Gamma^*(t^*, \zeta^*) = \Gamma^*(z_0, \zeta^*) + \frac{\partial \Gamma^*(z_0, \zeta^*)}{\partial z}\left(t - z_0 + \frac{\rho^2 e^{i\alpha}}{t - z_0}\right) + O(\rho^2)$$

$$\frac{dt^*}{dt} = 1 - \frac{\rho^2 e^{i\alpha}}{(t - z_0)^2}.$$

これらの主要部の積の留数は

$$\rho^2[\overline{\Gamma}(z_0, z) - e^{i\alpha}\Gamma(z_0, z)]\Gamma^*(z_0, \zeta^*)$$

となるので

$$\int_c g(t, z)\Gamma^*(t^*, \zeta^*)dt^* = 2\pi i \rho^2[\overline{\Gamma}(z_0, z) - e^{i\alpha}\Gamma(z_0, z)]\Gamma^*(z_0, \zeta^*) + O(\rho^3). \tag{7.8}$$

(7.7) と (7.8) を (7.6) に代入すると

$$\delta_1(z, \zeta) = 4\rho^2 \mathrm{Re}[\Gamma(z_0, z)\Gamma^*(z_0, \zeta^*)e^{i\alpha}] + O(\rho^3). \tag{7.9}$$

この展開は任意の領域に対して成立し、剰余項の評価は z と ζ が z_0 を含まないコンパクト集合を動く限り一様である。

次に $g^*(z,\zeta) - g^*(z^*,\zeta^*)$ の展開を書くと

$$
\begin{aligned}
\delta_2(z,\zeta) &= g^*(z,\zeta) - g^*(z^*,\zeta^*)\\
&= -2\mathrm{Re}[\Gamma^*(z,\zeta)(z^*-z) + \Gamma^*(\zeta,z)(\zeta^*-\zeta)] + O(\rho^4)\\
&= -2\rho^2\mathrm{Re}\left\{e^{i\alpha}\left[\frac{\Gamma^*(z,\zeta)}{z-z_0} + \frac{\Gamma^*(\zeta,z)}{\zeta-z_0}\right]\right\} + O(\rho^4) \quad (7.10)
\end{aligned}
$$

となり、これは z と ζ の間の距離とこれらから z_0 への距離が一定以上の範囲で一様に成り立つ。

(7.9) と (7.10) から、粗い評価として $g^*(z,\zeta) - g(z,\zeta) = O(\rho^2)$ が得られ、これを微分することにより $\Gamma^*(z,\zeta) - \Gamma(z,\zeta) = O(\rho^2)$ が得られる。この証明には z が z_0 から一定以上離れていることを要するが、同じ評価が z_0 の近くでも成り立つことが最大値の原理により結論できる。$\Gamma^*(z,\zeta^*) - \Gamma^*(z,\zeta) = O(\rho^2)$ であることも同様に補題 7.1 から明らかである。これらの評価式の結果として (7.9) と (7.10) の星印は消去でき、グリーン関数に対する一つの変分公式が得られる。

補題 7.2. 二つの助変数に依存する領域 Ω^* があって

$$
\begin{aligned}
&g^*(z,\zeta) - g(z,\zeta)\\
&= 2\rho^2\mathrm{Re}\left\{e^{i\alpha}\left[2\Gamma(z_0,z)\Gamma(z_0,\zeta) - \frac{\Gamma(z,\zeta)}{z-z_0} - \frac{\Gamma(\zeta,z)}{\zeta-z_0}\right]\right\} + O(\rho^3). \quad (7.11)
\end{aligned}
$$

より詳しく、各コンパクト集合 $K \subset \Omega$ に対して ρ_0 と M があり、(7.11) の左辺は K 上で定義され、剰余項は $\rho < \rho_0$ かつ $z,\zeta,z_0 \in K$ のとき $< M\rho^3$ である。

z,ζ,z_0 が互いに近くにある時にはこの補題の証明は上ではしなかったのだが、これは最大値の原理から容易に従うことである。実際、左辺と右辺括弧内の式は特異点を持たない。これを検証するために

$$
g(z,\zeta) = -\log|z-\zeta| + \gamma(z,\zeta)
$$

$$
\Gamma(z,\zeta) = -\frac{1}{2}(z-\zeta)^{-1} + \gamma_1(z,\zeta)
$$

とおこう。すると右辺の鍵括弧内の式は

$$
-\frac{\gamma_1(z,\zeta)-\gamma_1(z_0,\zeta)}{z-z_0}-\frac{\gamma_1(\zeta,z)-\gamma_1(z_0,z)}{\zeta-z_0}+2\gamma_1(z_0,z)\gamma_1(z_0,\zeta)
$$

となるので、すべての変数に関する可微分性は明白である。

7.2.　写像関数の変分

ここからは、Ω は単連結で原点を含むと仮定する。リーマンの写像定理より、Ω から単位円板の上への等角写像 φ で、$\varphi(0)=0$ かつ $\varphi'(0)>0$ をみたすものが一意的に存在する。Ω^* 上のこの写像関数を φ^* で表す。

(7.11) を $z=0, z_0=\zeta_0$ に対して適用しよう。すなわち、公式

$$
\begin{aligned}
&g^*(0,\zeta)-g(0,\zeta)\\
&=2\rho^2\mathrm{Re}\left\{e^{i\alpha}\left[2\Gamma(\zeta_0,0)\Gamma(\zeta_0,\zeta)+\frac{1}{\zeta_0}\Gamma(0,\zeta)-\frac{1}{\zeta-\zeta_0}\Gamma(\zeta,0)\right]\right\}\\
&+O(\rho^3)
\end{aligned}\tag{7.12}
$$

から出発する。原点に極を持つグリーン関数は $g(\zeta,0)=\log|\varphi(\zeta)|$ である。一般の値は

$$
g(\zeta_0,\zeta)=-\log\left|\frac{\varphi(\zeta_0)-\varphi(\zeta)}{1-\overline{\varphi(\zeta)}\varphi(\zeta_0)}\right|
$$

であり、これを微分すると

$$
\Gamma(\zeta_0,\zeta)=-\frac{1}{2}\left[\frac{\varphi'(\zeta_0)}{\varphi(\zeta_0)-\varphi(\zeta)}+\frac{\overline{\varphi(\zeta)}\varphi'(\zeta_0)}{1-\overline{\varphi(\zeta)}\varphi(\zeta_0)}\right].
$$

この特殊値である

$$
\Gamma(\zeta,0)=-\frac{1}{2}\frac{\varphi'(\zeta)}{\varphi(\zeta)},\quad \Gamma(0,\zeta)=-\frac{1}{2}\left[-\frac{\varphi'(0)}{\varphi(\zeta)}+\overline{\varphi(\zeta)}\varphi'(0)\right]
$$

を使おう。

これらを (7.12) に代入すれば

$$
\log\frac{|\varphi^*(\zeta)|}{|\varphi(\zeta)|}=-\rho^2\mathrm{Re}[e^{i\alpha}A(\zeta)+e^{-i\alpha}B(\zeta)]+O(\rho^3),\tag{7.13}
$$

ただし

$$A(\zeta) = \frac{\varphi'(\zeta_0)^2}{\varphi(\zeta_0)[\varphi(\zeta_0) - \varphi(\zeta)]} + \frac{\varphi'(0)}{\zeta_0 \varphi(\zeta)}$$

$$B(\zeta) = \frac{\varphi(\zeta)\overline{\varphi'(\zeta_0)}^2}{\overline{\varphi(\zeta_0)}[1 - \varphi(\zeta)\overline{\varphi(\zeta_0)}]} - \frac{\varphi(\zeta)\varphi(0)}{\zeta_0}. \tag{7.14}$$

この計算では項を振り分ける際に $A(\zeta)$ と $B(\zeta)$ がともに ζ に関して解析的なるように配慮した。

ここで (7.13) の両辺に共役調和関数（の i 倍）を加えよう。この虚部についても同じオーダーの剰余項がつくようにするには定数を加えることにより原点で 0 になるようにする必要がある。これに注意して

$$\log \frac{\varphi^*(\zeta)}{\varphi(\zeta)} = -\rho^2 \left\{ e^{i\alpha} \left[A(\zeta) - \frac{A(0)}{2} \right] + e^{-i\alpha} \left[B(\zeta) + \frac{\overline{A(0)}}{2} \right] \right\} + O(\rho^3)$$

およびこれを e の肩に乗せた

$$\varphi^*(\zeta) = \varphi(\zeta) \left(1 - \rho^2 \left\{ e^{i\alpha} \left[A(\zeta) - \frac{A(0)}{2} \right] + e^{-i\alpha} \left[B(\zeta) + \frac{\overline{A(0)}}{2} \right] \right\} + O(\rho^3) \right)$$

$$\tag{7.15}$$

を得る。$A(0)$ の値は極限値として求めなければならず、それは

$$A(0) = \frac{\varphi'(\zeta_0)^2}{\varphi(\zeta_0)^2} - \frac{\varphi''(0)}{\zeta_0 \varphi'(0)} - \frac{1}{\zeta_0^2}$$

という形になる。$\zeta_0 = 0$ のときにはさらにもう一回極限をとらねばならない。(7.15) の評価は ζ と ζ_0 がコンパクト集合を動く限り一様である。

おおかたの応用に際しては、φ そのものよりもその逆関数 f を考え、それを φ^* の逆関数 f^* と比較する方が都合が好い。

実際、本来の問題は単位円板上の単葉関数の変分を調べることであった。このために、(7.14) と (7.15) に $\zeta = f(z)$ と $\zeta_0 = f(z_0)$ を代入する。記号を簡単にするため、$A[f(z)]$ と $B[f(z)]$ の代わりに $A(z)$ と $B(z)$ を用いよう。こ

うすると

$$A(z) = \frac{1}{z_0(z_0 - z)f'(z_0)^2} + \frac{1}{f'(0)zf(z_0)} + \frac{1}{zf'(z)[f(z) - f(z_0)]}$$

$$B(z) = \frac{z}{\overline{z_0}(1 - z\overline{z_0})\overline{f'(z_0)^2}} - \frac{z}{f'(0)\overline{f(z_0)}} \tag{7.16}$$

であり、(7.15) は

$$\varphi^*[f(z)] = z\left(1 - \rho^2\left\{e^{i\alpha}\left[A(\zeta) - \frac{A(0)}{2}\right] + e^{-i\alpha}\left[B(\zeta) + \frac{\overline{A(0)}}{2}\right]\right\} + O(\rho^3)\right) \tag{7.17}$$

となる。(7.17) の両辺を f^* の変数として取れば

$$f(z) = f^*(z) - f^{*\prime}(z)\rho^2\left\{e^{i\alpha}\left[A - \frac{A(0)}{2}\right] + e^{-i\alpha}\left[B + \frac{\overline{A(0)}}{2}\right]\right\} + O(\rho^3). \tag{7.18}$$

この評価の一様性は、補題 7.1 を用いて f^* の微係数が任意のコンパクト集合上で有界であることが示せるからである。(7.18) から粗い評価式

$$f^* - f = O(\rho^2), \quad f^{*\prime} - f' = O(\rho^2)$$

が得られるので、(7.18) において $f^{*\prime}$ を f' で置き換えてよく、その結果、変分公式は

$$f^*(z) - f(z) = zf'(z)\rho^2\left\{e^{i\alpha}\left[A - \frac{A(0)}{2}\right] + e^{-i\alpha}\left[B + \frac{\overline{A(0)}}{2}\right]\right\} + O(\rho^3)$$

となる。写像関数を $f'(0) = 1$ と正規化したいときは f^* を

$$f^{*\prime}(0) = 1 + \rho^2\mathrm{Re}[A(0)e^{i\alpha}] + O(\rho^3)$$

で割らねばならない。こうやって正規化された関数を簡単のため f^* で表すと、正規化された関数の変分として

$$f^*(z) - f(z) = $$
$$\rho^2 zf'(z)\left\{A(z)e^{i\alpha} + B(z)e^{-i\alpha} - \mathrm{Im}[A(0)e^{i\alpha}]\right\} - \rho^2 f(z)\mathrm{Re}[A(0)e^{i\alpha}] + O(\rho^3) \tag{7.19}$$

を得る。ただし $A(z)$ と $B(z)$ は (7.16) で $f'(0) = 1$ としたもので、

$$A(0) = \frac{1}{z_0^2 f'(z_0)^2} + \frac{f''(0)}{f(z_0)} - \frac{1}{f(z_0)^2}$$

である。

7.3.　変分定理の最終型

　上記の他、より初等的な性格を持つ変分公式があり、これらをシッファーの変分公式に加えることによって結果の一層の一般化と簡明化に資することができる。まず $f(z)$ を $e^{-i\gamma}f(e^{i\gamma}z)$ で置き換えてみよう。ただし γ は小さい実数である。これに応じた変分はかなり容易な計算により

$$\delta f = i\gamma[zf'(z) - f(z)] + O(\gamma^2) \tag{7.20}$$

であることがわかる。$\gamma = \rho^2 \mathrm{Im}[A(0)e^{i\alpha}]$ とおき、この新しい変分を (7.19) に加えよう。このようにして

$$f^*(z) - f(z) = \rho^2\{[A(z)e^{i\alpha} + B(z)e^{-i\alpha}]zf'(z) - A(0)e^{i\alpha}f(z)\} + O(\rho^3) \tag{7.21}$$

が得られる。シッファー [15] が与えた公式はこれである。[彼の公式 (A3.30) はまだ正規化されていないのだが]

　マーティー [37] による別の初等的変分公式がある。小さい複素数 ϵ に対し、

$$f^*(z) = f'(\epsilon)^{-1}\left[f\left(\frac{z+\epsilon}{1+\bar{\epsilon}z}\right) - f(\epsilon)\right](1 - |\epsilon|^2)^{-1}$$

を考えよう。これは正規化されており、かつ単葉である。これに対する変分公式は容易に導け、

$$\delta f = \epsilon[f'(z) - 1 - f''(0)f(z)] - \bar{\epsilon}z^2 f'(z) + O(|\epsilon|^2) \tag{7.22}$$

の形をしている。$\epsilon = -\rho^2 e^{i\alpha}f(z_0)^{-1}$ とおき、これを (7.21) に加える。すると $f''(0)$ を含む項は相殺され、別の単純化が得られる。結果は特別に端正な形をしているので定理として述べておこう。

定理 7.1. 次の形の正規化された変分公式が存在する。

$$\delta f(z) = \rho^2[L(z)e^{i\alpha} + M(z)e^{-i\alpha}] + O(\rho^3) \tag{7.23}$$

ただし

$$L(z) = \frac{zf'(z)}{z_0(z_0 - z)f'(z_0)^2} - \frac{f(z)}{z_0^2 f'(z_0)^2} + \frac{f(z)^2}{f(z_0)^2[f(z) - f(z_0)]}$$

$$M(z) = \frac{z^2 f'(z)}{\overline{z_0}(1 - z\overline{z_0})\overline{f'(z_0)}^2} \tag{7.24}$$

評価は z と z_0 が一定のコンパクト集合内を動き z_0 が一定以上 0 から離れていれば一様である。

　ここでは (7.23) の有効性を強調したけれども、(7.19), (7.20) および (7.22) の他の組み合わせも有用であろうことに留意すべきである。

7.4.　截線変分

　ケーベ関数

$$K(z) = \frac{z}{(1 + z)^2}$$

は $|z| < 1$ を、実軸に沿って $\frac{1}{4}$ から $+\infty$ に至る截線を平面に入れた領域へと写像する。像領域は原点に関して星型なので、すべての $t > 0$ に対して

$$E_t(z) = K^{-1}[e^{-t}K(z)]$$

が定義できる。小さい t に対する E_t の漸近挙動は次の計算によって導ける。

$$E_t(z) = K^{-1}[(1 - t)K(z)] + O(t^2)$$

$$= z - \frac{K(z)}{K'(z)}t + O(t^2)$$

$$= z - \frac{z(1 + z)}{1 - z}t + O(t^2).$$

正規化された単葉関数 f から出発して $f^*(z) = f[e^{-i\gamma}E_t(e^{i\gamma}z)]$ を考えると、これは再び単葉であり、展開

$$f^*(z) = f(z) - zf'(z)\frac{1 + e^{i\gamma}z}{1 - e^{i\gamma}z}t + O(t^2)$$

を持つ。これを正規化するためには $f^{*\prime}(0) = 1 - t + O(t^2)$ で割らねばならない。よって正規化された変分公式は

$$\delta f = \left[f(z) - zf'(z)\frac{1 + e^{i\gamma}z}{1 - e^{\gamma}z}\right]t + O(t^2) \tag{7.25}$$

である。

　この公式は、t を $-t$ に置き換えることができないという点で、以前のものと本質的に異なっている。この理由により、極値問題にこれを適用するときにここから出せるのは、方程式よりむしろ不等式である。

　付記　　シッファーの内部変分を用いる着想は単葉関数論において革新的であった。それはこの分野における戦後の[10]多くの文献に浸透した。シッファー自身が書いた回想的な解説がクーラントの本 [15] の付録にある。

---

[10] 第二次世界大戦後の

第8章

極値的関数の性質

8.1. 微分方程式

正規化された単葉関数に対する記号 $f(z) = \sum_1^\infty a_n z^n$ $(a_1 = 1)$ を再び用いることにし、$|a_n|$ を最大化する問題に取り組むことにしよう。$f(z)$ を $e^{-i\gamma} f(e^{i\gamma})$ に代えればテイラー係数は $a_n e^{(n-1)i\gamma}$ に変わる。この理由により問題は $\operatorname{Re} a_n$ を最大化することと同値であり、$\operatorname{Re} a_n$ は正の a_n に対して最大化される。極値的関数の存在は自明であるので、前章の結果を使ってその性質をいくつか導いてみよう。

$L(z), M(z)$ を定理 7.1 の通りとし、

$$L(z) = \sum_1^\infty L_n z^n$$

$$M(z) = \sum_1^\infty M_n z^n$$

と書く。この定理から、$\operatorname{Re} a_n$ を最大化する関数はすべての実数 α に対して

$$\operatorname{Re}(L_n e^{i\alpha} + M_n e^{-i\alpha}) = 0$$

をみたさねばならず、これが成り立つのは

$$L_n + \overline{M_n} = 0 \tag{8.1}$$

のときに限る。

この条件を解析するにはその中身をもっと具体的に書き下さねばならないが、$L(z)$ の定義式の最後の項だけはこの目的のためには少々厄介である。そこでせめて準明示的な結果を出すために

$$\frac{tf(z)^2}{1-tf(z)} = \sum_2^\infty S_n(t)z^n$$

と書こう。ここで S_n は t に関する $n-1$ 次の多項式で、最高次の項は 1 であり、定数項は 0 でない。この記号を使うと (7.24) は

$$L_n = \frac{1}{z_0^2 f'(z_0)^2}\left[(n-1)a_n + \sum_{k=1}^{n-1}\frac{ka_k}{z_0^{n-k}}\right] - \frac{1}{f(z)^2}S_n\left(\frac{1}{f(z_0)}\right)$$

$$\overline{M_n} = \frac{1}{z_0^2 f'(z_0)^2}\left[\sum_{k=1}^{n-1}k\overline{a_k}z_0^{n-k}\right]$$

となる。

標準的な手法を用いるために

$$Q_n(z) = \sum_{k=1}^{n-1}\frac{ka_k}{z^{n-k}} + (n-1)a_n + \sum_{k=1}^{n-1}k\overline{a_k}z^{n-k} \tag{8.2}$$

$$P_n(w) = S_n\left(\frac{1}{w}\right)$$

と書こう。z_0 を z に置き換えると、条件 (8.1) は

$$\frac{P_n[f(z)]f'(z)^2}{f(z)^2} = \frac{Q_n(z)}{z^2}$$

という形になる。つまり、極値的関数 $w = f(z)$ は微分方程式

$$\frac{P_n(w)w'^2}{w^2} = \frac{Q_n(z)}{z^2} \tag{8.3}$$

の解であることが示せたわけである。

この注目すべき関係式の帰結は後で調べるが、目下のところ既に述べたように $a_n > 0$ であることを思い出そう。特にこれが実数であることから、有理関

数 $Q_n(z)$ の係数の対称性より Q_n は $|z| = 1$ 上で実数値である。よって Q_n の零点は単位円周上にあるか、またはこれに関して対称である。極は 0 か ∞ であり、それらの位数は $n - 1$ である。$P_n(w)$ に関して最も押さえておくべき特徴は、原点において位数 $n - 1$ の極を持つことである。

Re a_n を最大化する問題を選んだのはこれが典型的な例だからに過ぎない。任意の実数値可微分関数 $F(a_2, \ldots, a_n)$ を最大化する問題がもっと難しいというわけではないので、次にこの一般的な問題を考えてみたい。

F の複素微分 $\partial F / \partial a_k$ を F_k で表し、当面の関心の外にある解を除外するため、これらは同時に 0 になることはないと仮定する。すると極値の条件は明らかに

$$\sum_{k=2}^{n} (F_k L_k + \overline{F_k M_k}) = 0$$

であり、これより微分方程式

$$\frac{P(w)w'^2}{w^2} = \frac{Q(z)}{z^2} \tag{8.4}$$

が得られる（P, Q は P_n, Q_n と同様に定まる有理関数）。

P と Q が次の形であることは直ちに了解されよう。

$$P(w) = \sum_{1}^{n-1} A_k w^{-k}$$

$$Q(z) = \sum_{-(n-1)}^{n-1} B_k z^k. \tag{8.5}$$

ただし $B_0 = \sum_{2}^{n} (k-1) F_k a_k$, $B_{-k} = \overline{B_k}$ ($k \neq 0$) かつ $k > 0$ に対して

$$B_k = \sum_{h=1}^{n-k} h F_{h+k} a_h. \tag{8.6}$$

従って B_0 が実数ならば Q は $|z| = 1$ 上で実数値であるが、これは変分公式 (7.20) の帰結である。実際、この式より実数 γ に対して（実動）変分 $\delta f = i\gamma[zf'(z) - f(z)]$ が成立し、これに応じた係数の変分は $\delta a_k = i\gamma(k-1)a_k$

であるので、もし $F(a_2, \ldots, a_n)$ が最大値ならば $\mathrm{Re}\sum F_k \delta a_k = 0$ でなければならず、従って $\mathrm{Im}B_0 = 0$ である。

微分方程式 (8.4) は $f'(0) = 1$ をみたす解 $w = f(z)$ を持つので、最高次の係数どうしは等しい ($A_{n-1} = B_{n-1}$)。方程式 (8.3) の場合にはこれらの係数は $\neq 0$ である。一般にはそうとは限らないが、F_k が同時には 0 にならないという仮定の下では Q は恒等的には 0 でないので、最高次の係数は消えない。よって記号を取り換えて $B_{n-1} \neq 0$ であると仮定しても構わない。

後の議論においては、Q が単位円周上で実数値であるというだけでなく、実は ≥ 0 であるということが重要になるが、これは截線変分 (7.25) を用いて示すことができる。この変分公式を展開型で書けば

$$\delta f = [\sum_1^\infty a_n z^n - (\sum_1^\infty k a_k z^k)(1 + 2\sum_1^\infty e^{hi\gamma} z^h)]t + O(t^2)$$

であるので、これより

$$\delta a_n = -e_n t + O(t^2)$$

$$e_n = (n-1)a_n + 2\sum_{k=1}^{n-1} k a_k e^{(n-k)i\gamma}.$$

これが $t > 0$ のときのみ正しい変分であることを思い出そう。もし $F(a_2, \ldots, a_n)$ が最大値であれば、$\mathrm{Re}\sum F_k \delta a_k$ は $t > 0$ に対して ≤ 0 であり、よって $\mathrm{Re}\sum F_k e_k \geq 0$ である。一方、(8.2), (8.5) および (8.6) を援用すれば $\mathrm{Re}\sum F_k e_k = Q(e^{-i\gamma})$ となることが分かるので、γ は任意の実数だったから $|z| = 1$ のとき $Q(z) \geq 0$ であることが従う。

8.2. 軌道

方程式 (8.4) は

$$\frac{P(w)dw^2}{w^2} = \frac{Q(z)dz^2}{z^2} \tag{8.7}$$

と書け、この両辺は **2次微分** とみなせる。$f(z)$ が微分方程式をみたすということは、(8.7) が $w = f(z)$, $dw = f'(z)dz$ を代入したときに成立するという

ことである。よって単位円内にある $Q(z)$ の零点が f により $P(w)$ の零点に対応することは明らかである。もう一つの注意は、Qdz^2/z^2 の偏角が定数であるような曲線は f によって Pdw^2/w^2 の偏角が同一の定数に等しいような曲線に写像されることである。このような曲線を**軌道**（trajectory）と呼ぼう。軌道のうち特に $Qdz^2/z^2 \geq 0$ をみたすものを**水平軌道**といい、$Qdz^2/z^2 \leq 0$ をみたすものを**垂直軌道**という。例えば、$|z| = 1$ のとき $Q \geq 0$ なので単位円周は垂直軌道である。まだ f によるその像について云々する段階ではない。とはいえ、軌道、特に垂直軌道の研究は写像について有力な情報をもたらすはずのものである。

　話をやや一般的にするため、考察の対象である 2 次微分を $\varphi(w)dw^2$ で表そう。ここで $\varphi(w)$ は有理関数で、φ の零点と極を 2 次微分の特異点と呼ぶ。幾何学的な観点を強調するために計量 $ds^2 = |\varphi(w)||dw|$ を導入する。この計量は特異点以外ではユークリッド計量と等角同値である。軌道はこの計量の測地線である。

　一点 w_0 の近くで軌道を詳しく見るため、補助的な変数

$$\zeta = \int_{w_0}^{w} \sqrt{\varphi(w)}dw \tag{8.8}$$

を導入する。垂直軌道は直線族 $\mathrm{Re}\,\zeta(w) = $ 定数 に対応するが、ζ が一価ではない分、状況は複雑である。

　φ の w_0 における位数を m とする（零点では $m > 0$, 極では $m < 0$）。いくつかの場合分けが必要である。

　1) $m = 0$. w_0 の近傍で $\sqrt{\varphi}$ の一価な分枝が選べる。どちらを選ぶかは ζ の符号の違いをもたらすだけなので重要ではない。$\zeta(w)$ は w_0 で位数が 1 の零点を持ち、ゆえに w_0 を通る一本の直線 $\mathrm{Re}\,\zeta = 0$ があることになる。より厳密な言い方が好ましければ、w_0 を端点とする 2 本の垂直軌道があると言ってもよい。

　2) $m = 1$. (8.8) における積分を実行すると

$$\zeta = (w - w_0)^{m/2+1}\psi(w) \tag{8.9}$$

が得られる。ここで ψ は解析的で、w_0 の近くで $\neq 0$ である。符号には不定性があるが全く重要ではない。直線族 $\mathrm{Re}\,\zeta = 0$ の方向は

$$\left(\frac{m}{2}+1\right)\arg w + \arg \psi(w_0) = \frac{\pi}{2}+n\pi \quad (n\ \text{は整数})$$

で与えられる。このように、w_0 に発する $m+2$ 本の、等間隔に配置された垂直軌道がある。

3) $m = -(2k+1), k > 0$. 積分の下限 w_0 は他の定数に代えなければならないが、(8.9) と同様の展開式が $w = w_0$ に対して $\zeta = \infty$ という形で書ける。その結果、$\mathrm{Re}\,\zeta = c$ という形のすべての直線は w_0 を通る。w_0 に発する垂直軌道は無限個あり、それらは $2k-1$ 個の等間隔の方向に接している。

4) $m = -2$. ここでの応用には現れないのでこの場合の検討は読者に任せる。

5) $m = -2k, k > 1$. この場合、ζ の展開は対数項を含みうる分複雑である。(8.9) の代わりに

$$\zeta = (w-w_0)^{1-k}\psi(w) + \alpha \log(w-w_0)$$

(ただし $\psi(w_0) \neq 0$ で α は定数) が得られる。$w-w_0 = re^{i\theta}$, $\psi(w_0) = \rho e^{i\theta_0}$, $\alpha = \alpha_1 + \alpha_2$ と書こう。直線族 $\mathrm{Re}\,\zeta = $ 定数 はこのとき定義方程式

$$r^{1-k}\{\cos[(k-1)(\theta-\theta_0)]\} + r\psi(r,\theta) + \alpha_1 \log r - \alpha_2 \theta = c$$

(ただし ψ は可微分) を持つ。この式に r^{k-1} をかけて $r = 0$ とおけば、すべての c に対して共通の、そして等間隔に並んだ θ に対して成立する式が得られる。陰関数定理より、これらの各々を初期値とし、各々の c に応じた解が存在する。よって w_0 に発する無限個の垂直軌道があり、それらは $2k-2$ 個の等間隔の方向に接している。

これらの結果は $w_0 = \infty$ にも適用できる。ただし ∞ における位数は $\varphi(1/w)d(1/w)^2$ の 0 における位数の意味とする。例えば Pdw^2/w^2 は ∞ で1位の極を持つので、∞ に向かう垂直軌道は1本である。

　軌道についてもっと情報を得るため、本質的にはガウス・ボンネの定理の特殊型である一つの補題を証明する。用語についてだが、Π が**測地多角形**であるとは、Π が有限個の軌道上の有限個の弧の和集合であるような閉曲線で、単連結な領域の境界になっていることを言う。Π の頂点を w_i とし、w_i における φ の位数を m_i とする。さらに、ω_i で w_i における Π の内角を表す ($0 \le \omega_i \le 2\pi$)。$m_i \ne 0$ または $\omega_i \ne \pi$ のときに w_i を頂点として数えることにし、頂点や辺が重なる場合を除外しない。Π はそれが囲む領域に関して正の向きがつけられているとする。

補題 8.1. 測地多角形内の φ の零点の位数の合計と極の位数の合計の差 N は

$$N + 2 = \sum_i \left[1 - \frac{(m_i + 2)\omega_i}{2\pi} \right] \tag{8.10}$$

をみたす。ただし和はすべての内角にわたる。

　証明には偏角の原理より

$$\int_\Pi d \arg \varphi = 2\pi N + \sum_i m_i \omega_i$$

となることを用いる。ただし左辺では頂点における $\arg \varphi$ の変動分は加算しない。辺は軌道上にあるのでその上では $d \arg \varphi + 2d(\arg dw) = 0$ であり、Π を一周する間に接線方向は 2π だけ変化するから

$$\int_\Pi d(\arg dw) + \sum_i (\pi - \omega_i) = 2\pi$$

である。これらの関係式を合わせると (8.10) が得られる。

注意　ここでは有界領域に対して補題を示したが、∞ が頂点に含まれる場合にも、(8.10) は両辺を 1 次分数変換に関して不変な形で適切に定義すれば成立する。∞ が測地多角形の内部にある場合はここでは考えない。

　2 次微分 $P dw^2 / w^2$ は $n - 2$ 個の零点を持ち、原点では重複度が $n + 1$ の極を持つ（∞ では 1 位の極）。よって測地多角形は極を全部囲むかまたは全然

囲まないので、$N \geq 0$ または $N \leq (n-2) - (n+1) = -3$ である。よって $N+2$ は 0 でも 1 でもありえない。Π が $|z| \leq 1$ に含まれるときには Qdz^2/z^2 についてもこの数が 0 でも 1 でもないことが言える。それは Q が $|z| < 1$ 内に高々 $n-2$ 個の零点しか持たないからである。

補題 8.2. Pdw^2/w^2 に対する測地多角形が原点を通らなければ、その頂点 w_i で $w_i \neq 0, \infty$ かつ内角が $2\pi/(m_i+2)$ と異なるものが存在するか、または ∞ での内角が $< 2\pi$ である。$|z| \leq 1$ に含まれる Qdz^2/z^2 の測地多角形についても同様である。

実際、$N+2 \neq 0$ であるので (8.10) の右辺のどれかは 0 でない。ゆえに $\omega_i \neq 2\pi/(m_i+2)$ のうち一つは正しい。∞ では $m_i = -1$ なのでこの場合は $\omega_i < 2\pi$ である。

特異点を通らない軌道を**正則軌道**と言う。正則軌道は極大な正則軌道 $w = \gamma(t)$ $(a < t < b)$ に含まれる。正則軌道が極大ならば周期的であるので、閉軌道の場合もこう書いてよい。さらに補足すると、t が a または b に近づくとき、$\gamma(t)$ は振動するかまたは特異点に収束しうるが、正則点に収束することはない。

補題 8.3. 2 次微分が Pdw^2/w^2 または Qdz^2/z^2 の場合、極大な正則軌道は特異点に収束する。特にこれらは正則な閉軌道を持たない。

証明. 前者の場合にのみ証明する。(残りは同様である。) 任意の非特異点 w_0 に対し、t が a または b に近づくとき $\gamma(t)$ が w_0 に近づかないことを示そう。これが言えれば結論は自明なコンパクト性の議論から従う。

この軌道が垂直軌道であるとしても構わない。(8.8) によって定義された変数 ζ に対し、V を w_0 の近傍 $|\zeta| < \delta$(δ は十分小)とする。$\gamma(t)$ が w_0 に近づかなければ、この軌道は V と無限個の曲線で交わり、これらは ζ 平面上では垂直方向の線分になる。ところが実際にはそのような線分は一本しかない。事実、もしそのような曲線が二本でも続けて現れたとすれば、模式的な図式(図 8.1a, b)が示すように、二つの内角が両方とも直角であるか、または $\pi/2$ と $3\pi/2$ であるような測地多角形が(それらを延長することにより)構成できる。

補題 8.1 より最初の場合には $N + 2 = 1$ であり、後の場合には $N + 2 = 0$ である。これらが不可能であることは既に見た通りなので補題 8.3 の証明が完了した。

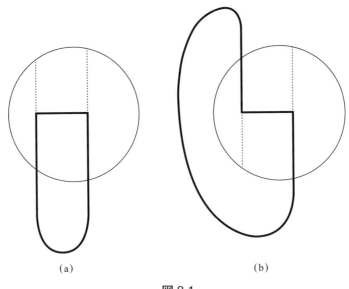

(a)　　　　　　　　　　　　(b)

図 8.1

8.3.　Γ 構造

　既に注意したように、極値的写像は特異点を特異点に、垂直軌道を垂直軌道へと写像する。極大な垂直軌道は零点または 1 位の極で始まるか終わるかする軌道として特徴づけられる。それとは対照的に、多重の極からは無限本の垂直軌道が出ており、それらを始点や終点だけで区別することはできない。この理由により、w 平面上で、まず原点を始点とも終点ともしない Pdw^2/w^2 のすべての極大軌道から成るグラフを描く。シッファーとスペンサーの論文 [56] に従い、このグラフを Γ_w で表そう。これは有限グラフである。というのも、補題 8.3 によりこのグラフの構成要素であるそれぞれの軌道は、零点から零点、

零点から極、または ∞ における極から原点における極へのものに限り、零点からの軌道と ∞ における極からの軌道は有限個しかないからである。∞ からの単一の軌道はつねに Γ_w の一部であり、Γ_w は平面をいくつかの領域に分ける。これらの一つを代表的に Ω_w で表す。

　z 平面における同じ構成を Qdz^2/z^2 に対して行うが、Γ_z ではグラフの $|z| \le 1$ に含まれる部分だけを表すことにする。単位円周が一つの垂直軌道であったことを思い出そう。特に $|z| = 1$ は常に Γ_z の一部である。Ω_z はすべて単位円板内にある。次の段階は、補題 8.1 と 8.2 を用いて Ω_w と Ω_z についての情報を得ることである。

補題 8.4. 各 Ω_w（または Ω_z）はグラフ Γ_w（または Γ_z）に辺が属する測地多角形の内部である。零点の位数が m_i の頂点におけるその内角は $2\pi/(m_i+2)$ である。さらにこの多角形は原点で内角が $2\pi/(n-1)$ の一つの頂点を持つか、または内角が 0 の二つの頂点を持つ。Ω_w の一つは ∞ での内角が 2π である。

　証明.　Ω_w の外周は測地多角形で、その辺は Γ_w に属す。原点と ∞ 以外の頂点における内角は $2\pi/(m_i+2)$ であり、∞ が頂点ならばそこでの内角は 2π である。補題 8.2 により、原点は外周上にある。もし Ω_w が単連結でなかったとすると Ω_w は内周を持ち、それは原点を通らない。この周の内部に少なくとも一つの Ω_w' があり、Ω_w' の外周は原点を含まないが、これは上で示したことに反する。よってすべての Ω_w は単連結である。原点における Ω_w の内角は $\omega_i = 2k_i\pi/(n-1)$（k_i は整数で $k_i \ge 0$）の形であり、m_i は $-(n+1)$ である。補題 8.1 において $N=0$ であるので $\sum(k_i+1)=2$ となるが、これは一つの k_i が 1 であるか、または二つの k_i が 0 の場合で、これこそが示したかった補題の主張である。∞ に頂点を持つ Ω_w が一つあることは明白である。これ以外の主張の証明は Ω_z に対しても当てはまる。

　測地多角形がジョルダン曲線でもあるとき、これを**測地周**と呼ぶ。

補題 8.5. Γ_w 上の測地周はすべて原点を通る。Γ_z 上の測地周で単位円周以外のものも原点を通る。

証明. もし Γ_w 上の測地周が原点を通らなければ、それは拡張された平面を2つの領域に分け、そのうちの一つは0を含まない。0を含まないこの領域はさらに Ω_w たちによって細分されるが、それらの境界は0を通らないから補題8.4に矛盾する。同様に、Γ_z 上の測地周で単位円周とは異なるものが原点を通らなければ、それは単位円を二つの部分に分け、その片方は原点を含まない。よって同様の矛盾に達する。

8.4. 境界正則性と大域的対応

極値的関数 f が $|z| = 1$ 上で孤立点を除き解析的であることも証明できる。領域 Ω_w と Ω_z の間の対応をより詳しく調べ、このことをその副産物として示そう。

添字をつけて Ω_w^i, Ω_z^j と書くことにより個々の Ω_w や Ω_z たちを区別する。各 Ω_w^i, Ω_z^j 上で関数

$$\zeta_i(w) = \int \sqrt{P(w)}\frac{dw}{w}$$
$$\lambda_j(z) = \int \sqrt{Q(z)}\frac{dz}{z} \tag{8.11}$$

を固定する。すなわち平方根の分枝をどちらか選び、積分定数を固定するのである。これは Ω_w^i と Ω_z^j が単連結なので可能である。

補題8.4により、領域 Ω_w には二つの型がある。Ω_w^i が **I 型**であるとは、これが原点で一つの頂点を持ち、そこでの内角が $2\pi/(n-1)$ であることをいい、**II 型**であるとは原点で二つの内角を持ち、かつそれらが0であることをいう。Ω_z も同様に分類する。

最初に I 型の Ω_z^j を考えよう。λ_j が Ω_z^j の境界まで、頂点は例外として連続に延びることと、境界の各辺が λ_j によって垂直な線分に写像されることは明白である。(8.11) より原点における λ_j の展開の先頭の項は $Az^{(1-n)/2}$ であるので、原点は ∞ に飛ばされ、原点における Ω_z^j の内角は ∞ における大きさが π の角へと写像される。

λ_j が他のすべての頂点において連続であり、そこでの内角はすべて上のよ

うに平角化されることがわかる。この情報を基にして偏角の原理を標準的な方法で用いることにより、λ_j が Ω_z^j を右半平面または左半平面上へと 1 対 1 等角に写像することが示される。この像領域を Λ_z^j で表そう。II 型の領域の場合は ∞ に飛ばされる頂点は 2 個あり、そこでの内角は 0 である。こことから像領域が垂直な帯であることが容易に従う。w 平面においても状況は全く同様である。Ω_w^i の像を Λ_w^i で表す。これで主定理が述べられるようになった。

定理 8.1. 領域族 Ω_z および Ω_w を相互に対応付け、Ω_z^j と Ω_w^i の添字を適当に入れ替えるることにより、極値的関数 f が Ω_z^i をそれと同じ型の Ω_w^i 上に等角に写像するようにできる。この f は $|z| = 1$ 上へと、一つの 2 位の極と有限個の代数的特異点を除けば解析接続できる。大域的には、f は単位円板を w 平面から Γ_w の連結な部分集合を除いて得られる截線領域上に写像する。また、この截線は ∞ まで伸びている。

証明. f^{-1} で $|z| < 1$ 上で定義された元の f の逆写像を表す。記号をこの意味としたとき、まず $f^{-1}(\Gamma_w) \subset \Gamma_z$ であることを示そう。そのために、s を Γ_w に含まれる一つの極大な垂直軌道とする。すると $f^{-1}(s)$ は空であるか、または垂直軌道である。後の場合、これは極大である。なぜなら $f^{-1}(s)$ の延長があれば、それは f によって s の延長に写像されるであろうからである。これは 0 に始まり 0 で終わることはない。なぜなら、そうであれば s もそうなるであろうから。よって $f^{-1}(s)$ は Γ_z に含まれると結論できる。Γ_w の頂点に関しては、頂点の逆像は空であるかまたは Γ_z の頂点であることは明白である。

任意の $z_j \in \Omega_z^j$ に対し、$f(z_j)$ を含む領域 Ω_w を Ω_w^j で表そう。もし仮にある点 $z \in \Omega_z^j$ に対して $f(z) \in \Omega_w^i \neq \Omega_w^j$ であれば、Ω_z^j 内に $f(z) \in \Gamma_w$ となる点もあるはずだが、これは不可能だから Ω_w^j は一意的であり、従って $f(\Omega_z^j) \subset \Omega_w^j$ である。

さらに、Ω_z^j 上では $\zeta_j'[f(z)]^2 f'(z)^2 = \lambda_j'(z)^2$ であることが分かっているから、これを積分して

$$\zeta_j[f(z)] = \pm\lambda_j(z) + c_j \tag{8.12}$$

ただし c_j は定数である。(8.12) を用いて f が Ω_z^j を Ω_w^j に写像することを示

そう。

　写像 h を $h(\lambda_j) = \pm\lambda_j + c_j$ によって定める。符号は (8.12) と同順とする。λ_j と ζ_j は1対1だから、$f(\Omega_z^j) \subset \Omega_w^j$ は $h(\Lambda_z^j) \subset \Lambda_w^j$ へと移行する。これにより既に、Ω_z^j がI型なら Ω_w^j もI型であることが分かる。この場合、半平面 Λ_z^j の境界を L で表すと、$h(L)$ は Λ_w^j の境界であるか、またはそれに平行である。後の場合には $\zeta_j[h(L)] = f[\lambda_j^{-1}(L)]$ は特異点を含まないことになるが、これは $\lambda_j^{-1}(L)$ が特異点を含むことに反する。よって h は全射であり、従って f も全射である。II型の場合、Λ_z^j は2本の境界線 L_1, L_2 を持つ。$h(L_1)$ と $h(L_2)$ は両方とも Λ_w^j の境界上になければならないので、これらが一致することはあり得ない。従って Ω_w^j はII型であり、写像は全射である。

　公式 (8.12) は、f が連続的に各 Ω_z^j の境界と $|z| = 1$ の共通部分にまで自動的に拡張されることを示している。頂点以外での f の解析性が鏡像原理から従う理屈は通常通りである。

　$|z| = 1$ の像は Γ_w の連結部分集合である。これは原点を含まないから、補題 8.5 より測地周を含まない。従ってこの像は一つの截線であり、分岐しうる。（「三叉路を含みうる」と言った方が適切かもしれない。）$|z| < 1$ の像はこの截線の補集合でなければならず、従ってすべての Ω_w はある Ω_z の像である。最後に、この截線は ∞ を端に持つ単一の垂直軌道によって ∞ に達している。そうでなければこれの補集合は単連結にならないからである。$w = \infty$ に対応する $|z| = 1$ 上の唯一の点は2位の極である。

　　このようにして、シッファーの方法により非常に一般的な状況で極値的写像の定性的な記述が得られたが、反面、この方法が及ぶ範囲には定量的な結果は比較的少ない。

8.5.　$n = 3$ の場合

　ここまでの議論の具体的な適用例として $n = 3$ の場合を詳しく調べてみよう。問題は関数 $F(a_2, a_3)$ の最大化である。以前の記号を使うとすれば

$$P(w) = A_1 w^{-1} + A_2 w^{-2}$$

$$Q(z) = B_{-2} z^{-2} + B_{-1} z^{-1} + B_0 + B_1 z + B_2 z^2$$

で表される状況だが、$|z| = 1$ 上で $Q(z) \geq 0$ であり $Q(z)$ が単位円周上で少なくとも 1 個の 2 位の零点を持つという有用な情報が、この書き方では見えにくい。これを見やすくするために

$$P(w) = \frac{A(w - c)}{w^2}$$

$$Q(z) = \frac{B(z - \omega)^2 (z - \beta)(z - 1/\overline{\beta})}{z^2}$$

($c \neq 0$, $|\omega| = 1$, $|\beta| \leq 1$) と書こう。B の偏角は ω と β に依存しているが、その具体的な表示は必要にならない。

こうすると、極値的関数がみたすべき式は

$$\sqrt{A} \int \sqrt{w - c} \frac{dw}{w^2} = \pm \sqrt{B} \int (z - w) \sqrt{(z - \beta)(z - 1/\overline{\beta})} \frac{dz}{z^2} + C$$

である。これらの積分は具体的に求まるので、符号と積分定数を選ぶ問題を除けば、原理的には w を z の陰関数として表示できる。しかしながら、ここでは問題のこの部分をあまり重要視しない。というのも、ここからは精々複雑な公式が導けるだけだからである。

もっと興味深い問題は、Γ 構造や Ω_z^i から Ω_w^i への写像の決定である。まず Γ_w についてだが、本質的に異なる 2 つの場合がある。一つは ∞ からの垂直軌道が c で終わるときで、あと一つは 0 で終わるときである。

事象 I 　∞ から c への垂直軌道があるとき、c からの他の 2 つの軌道は互いに $120°$ の角度をなし、これらはそこから原点に達してそこで $180°$ の角度で交わる（図 8.2）。2 つの領域 Ω_w^1, Ω_w^2 があって、それぞれ半平面上に

$$\zeta(w) = \int \sqrt{P(w)} \frac{dw}{w} = \sqrt{A} \int \sqrt{w - c} \frac{dw}{w^2}$$

の分枝により写像される。これらの分枝を、Ω_w^1 が左半平面に、Ω_w^2 が右半平面に写像されるように選ぶ（図 8.3）。

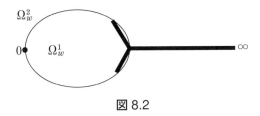

図 8.2

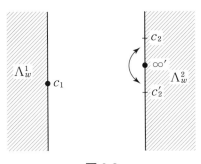

図 8.3

どちらの場合にも $w = 0$ は $\zeta = \infty$ に対応する。左半平面上で c に対応する点 c_1 に目印をつける。右半平面では c に対応する 2 点 c_2, c_2' がある。∞ が対応する点を ∞' と書くと、これは c_2 と c_2' の中点である。なぜならここから c_2, c_2' への距離は、積分

$$\int_c^\infty \sqrt{|P(w)|}\frac{|dw|}{|w|} \tag{8.13}$$

を c から ∞ への軌道に沿って取ったものだからである。Γ_w においては線分 (c_2, ∞') および (c_2', ∞') は矢印で示されたように同一視される。あとはこれらの半平面どうしをどう貼り合わせるかである。そのためには c_1 から出る 2 つの半直線を、それぞれ c_2 および c_2' から出る半直線と貼り合わせればよい。この貼り合わせを実現する一つの方法は、左半平面を c_1 を通る水平線で分かち、それぞれの $\frac{1}{4}$ 平面を右半平面に張り付けることである（図 8.4）。

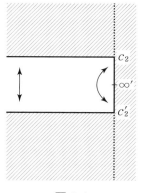

図 8.4

このように w 球面の等角モデルとして、長方形状の半帯の補集合の境界を 2 回貼り合わせたものが得られる。右半平面に折り目を作ってもよければこれらの同一視を可視化することもできよう。

　ここまでで、このモデルが対称軸を持つことがわかった。この理由により、図 8.2 は 0 と c を通る直線に関して対称でなければならない。実際には、全体の図柄は回転と相似を除けば一意的である。この半帯領域の幅が積分 (8.13) の 2 倍であることに注意しよう。留数計算により、この幅は $\zeta(w)$ の原点での展開における $\log w$ の係数に 2π をかけたものに等しい。

　Γ_z 構造に関しては、事象 I と両立する 2 つの可能性がある。

事象 Ia　$|\beta| < 1$. この場合、Γ_z 構造は図 8.5 に示した通りであり、λ による写像は図 8.6 で図式化される。

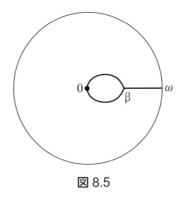

図 8.5

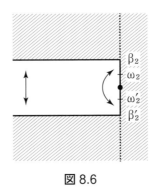

図 8.6

ω_2 と ω_2' の間では貼り合わせがないことに注意されたい。この線分は単位円周
の像であり、図 8.6 は単位円板のモデルである。再び対称軸があり、この対称
性は z 平面上の対称性に移行する。

　極値的写像は図 8.6 を図 8.4 に重ねることにより可視化される。半帯どうし
の幅が等しいことは $\log z$ の係数が $\log w$ の係数に等しいことを示している。
$w = f(z)$ に移れば、$|z| = 1$ が c から ∞ への垂直軌道の真部分集合に写像さ
れることがわかる。後者は直線だから、Ia 型の極値的写像はケーベ写像に限る
ことが判明した。

事象 Ib　$|\beta| = 1$. Γ_z 構造は図 8.7 の通りである。

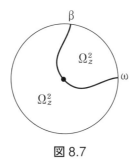

図 8.7

β と ω は交換可能だから、ラベル付けは図の通りでよい。半平面の像において（図 8.8）、この図を図 8.3 に重ね合わせるとき、β と ω の像だけでなく c_1, c_2, c_2' および ∞' に対応する点も示した。直ちにわかるように、β_1 から (c_1) への距離は β_2 から (c_2) への距離に等しく、(c_1) から ω_1 への距離は (c_2') から ω_2 への距離に等しい。貼り合わせを実現するために、左半平面を (c_1) を通る水平方向の線に沿って切り離す。これらの $\frac{1}{4}$ 平面たちは右半平面に貼りあわされるが、β_1, β_2 の上方の半直線および ω_1, ω_2 の下方の半直線に沿ってである。図 8.9 はこれによって生じた単位円板のモデルを誇張して描いたものである。極値的関数 $f(z)$ は単位円板を、図 8.2 では太線で示されたフォーク状の截線の補集合上に写像する。

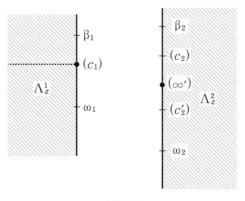

図 8.8

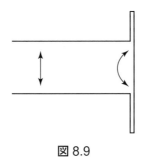

図 8.9

事象 II ∞ からの垂直軌道は原点に通じている。Γ_w 構造内には領域 Ω_w が 3 つあり、I 型のものが 2 つと II 型のものが 1 つである（図 8.10）。

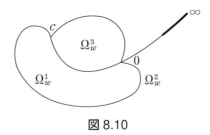

図 8.10

対応する半平面と帯が図 8.11 に示されている。この帯を加工して c_2 から ∞' まで切り開き、下部を ∞' のまわりに $180°$ 回転する。これは貼りあわされる点どうしが一致するようにするためである。半平面たちを貼り合わせることがこれで容易になる（図 8.12）。

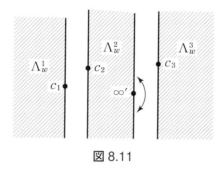

図 8.11

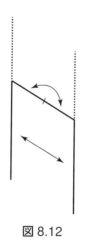

図 8.12

最終的に、角を直角に直すために左側からくさび形を取り除き、それを右側に貼り合わせる（図 8.13）。事象 I と同様に w 球面のモデルができるが、ここでは軌道は傾いている。

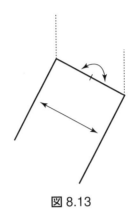

図 8.13

事象 II と両立する Γ_z 構造は一つだけである（図 8.14）。これに応じた単位円板のモデルをどう作るかはもはや明瞭であろう（図 8.15）。図 8.15 は図 8.13 に重ね合わされ、$f(z)$ が単位円周を ∞ から 0 への垂直軌道に沿う截線上に写像することがわかる（図 8.10 における太線）。

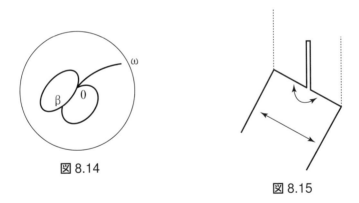

図 8.14

図 8.15

(a_2, a_3) の可能な値は実 4 次元空間の領域をなすが、(a_2, a_3) を $(a_2 e^{i\theta}, a_3 e^{2i\theta})$ で置き換えても構わないことから a_3 は実数であるとしてよく、従ってこの領域は 3 次元であるとしてもよい。この係数領域が可微分な曲面を境界に持つことは期待してよく、この場合には境界上のすべての点は線形な関数（例えば接

平面からの距離）の極値であることになろうし、そうであればこの境界点は事象 I または事象 II で記述された写像 $f(z)$ に対応する。シェーファーとスペンサーはこれが実際に真であり、二つの型の極値的写像は係数領域の二つの境界面をなし、それらの交わりはケーベ写像のみからなることを示した。境界はもちろん 2 次元であるが、座標は事象 I においては長さ $\beta_2 - c_2$ および $c_2' - \omega_2$ であり、事象 II においては図 8.15 における截線の長さと角度である。シェーファーとスペンサーの本 [56] にはこれの美しい挿絵がある。

第9章

リーマン面

9.1. 定義と例

古典的な文献においては、リーマン面という言葉は相異なる（関連してはいるが）二つの意味で用いられる。リーマンは学位論文で、複素平面の一部を何回か覆うことを許すような領域上で z を動かすという示唆に富む工夫により、多価解析関数の難所を切り抜けている。今日の数学者たちは多価解析関数を用いることを忌避するが、このリーマンの着想は基本的であり、容易に公理化しうる。すなわち、これは被覆空間という位相的な概念へと通じている。

リーマンは後に、幾何学の基礎についての仕事の中で、可微分多様体として知られる概念を導入した。このアイディアは複素多様体の概念へと一般化される。今日の言い方では、リーマン面とは1次元の複素多様体のことである。

定義 9.1. リーマン面とは連結なハウスドルフ空間 W で以下の性質をもつ局所座標系 $\{U_\alpha, z_\alpha\}$ を備えたものをいう。

i) $\{U_\alpha\}$ は W の開被覆である。

ii) 各 z_α は U_α から複素平面 $\mathbb{C}$ の開集合への同相写像である。

iii) $U_\alpha \cap U_\beta \neq \varnothing$ ならば $z_{\alpha\beta} = z_\beta \circ z_\alpha^{-1}$ は $z_\alpha(U_\alpha \cap U_\beta)$ 上で複素解析的である。

多少の注釈を加えておこう。

1) この関数系 $\{U_\alpha, z_\alpha\}$ が定めるものは W 上の一つの**等角構造**である。どの等角構造を考えているのかが明白な時は、「リーマン面 W」という言い方を

する。

2）位相空間としての W の構造は写像族 z_α によって完全に決定されるので、単に z_α が1対1であり $z_\alpha(U_\alpha \cap U_\beta)$ が開集合であるということだけを要請しても、同値な定義を述べることが可能である。このとき W の開集合は $\mathbb{C}$ の開集合の逆像たちによって生成される。この位相がハウスドルフ性を持つための条件は、相異なる2点 $p, q \in W$ が同一の U_α に属するか、そうでなければ互いに交わりを持たない U_α と U_β に属することである。連結性がこれとは独立の条件であることは言うまでもない。

3）1点 $p \in U_\alpha$ は複素数 $z_\alpha(p)$ により一意的に定まる。この理由から、z_α は**局所変数**または**局所パラメータ**と呼ばれる。添字はしばしば省略され、$z(p)$ は p と同一視される。たとえば $\Delta_\rho = \{z \,|\, |z - z_0| < \rho\}$ は $\mathbb{C}$ 内の円板でもあるし、W におけるその逆像でもある。

4）リーマン面上の点を局所変数によるその値と同一視することは、等角写像によって不変な概念を問題にする限り何ら不都合はない。典型的な例は解析関数、調和関数、劣調和関数、そして解析的曲線である。

5）リーマン面からリーマン面への複素解析的な写像が何を意味するかは明瞭である。二つのリーマン面は、一方から他方への1対1の複素解析的な（従って直ちにわかるように等角な）写像が存在するとき等角同値であるという。これらの面どうしは実質的には違うとはみなされない。

6）リーマン面の連結な開部分集合は自動的にリーマン面になる。

例 9.1. W を3次元空間内の単位球面 $x_1^2 + x_2^2 + x_3^2 = 1$ とする。U_1 を $(0, 0, 1)$ の補集合、U_2 を $(0, 0, -1)$ の補集合とする（W に関して）。局所変数として

$$z_1 = \frac{x_1 + ix_2}{1 - x_3}, \quad z_2 = \frac{x_1 - ix_2}{1 - x_3}$$

を、それぞれ U_1 と U_2 上で選ぶ。これらは $U_1 \cap U_2$ 上で $z_1 z_2 = 1$ で結ばれる。局所座標をこう選ぶことにより、W はリーマン面になる。これがすなわちリーマン球面である。

例 9.2. ω_1 と ω_2 を0でない複素数とし、それらの比は実数でないとする。$\mathbb{C}$ 上の同値関係 $\sim$ を「$z_1 \sim z_2 \iff m_1, m_2 \in \mathbb{Z}$ が存在して $z_1 - z_2 =$

$m_1\omega_1 + m_2\omega_2$」によって定める。$z \in \mathbb{C}$ をその同値類 $\tilde{z}$ に写す自然な射影 π が存在する。$T = \pi(\mathbb{C})$ 上の等角構造を定義しよう。このために、Δ_α を $\mathbb{C}$ 内の開集合で同値な 2 点を含まないものとする。$U_\alpha = \pi(\Delta_\alpha)$ とおき、z_α を π の Δ_α への制限の逆写像とする。これらの局所変数により T はリーマン面になる。これがトーラスである。

9.2.　被覆面

　定義 9.1 において、変換関数 $z_{\alpha\beta}$ が複素解析的であることを要求した。この $z_{\alpha\beta}$ が同相写像であるか C^∞ 級であるかに応じて、W を**曲面**または**可微分曲面**と呼ぶ。リーマン面が同時に可微分曲面でもあることは明白である。

　W と W^* を曲面とし、写像 $f : W^* \to W$ を考える。f が**局所同相写像**であるとは、W^* のすべての点に対し、その近傍 V^* で f の V^* への制限が同相写像になるものが存在することをいう。このとき対 (W^*, f) を W の**被覆面**という。点 $f(p^*)$ は p^* の射影にあたるので、p^* は $f(p^*)$ の上にあるという。V^* と $V = f(V^*)$ を局所変数 z と z^* の定義域に含まれるように取ることは常に可能である。ここでも V^* と V を局所変数によるそれらの像と同一視して、この射影写像を $z = f(z^*)$ という記号で表す。

　W が局所座標系 $\{U_\alpha, z_\alpha\}$ を備えたリーマン面であるとき、W^* 上には写像 f が複素解析的であるような複素構造が一意的に定まる。具体的には W^* の局所座標系 $\{U_\beta^*, z_\beta^*\}$ を、f が U_β^* 上で 1 対 1 であり、$z_\alpha \circ f \circ z_\beta^{*-1}$ がその定義域上で複素解析的になるようにとればよい。より公理的な表現で言うなら、この等角構造は W 上の任意の解析関数 g に対して $g \circ f$ が解析的になるようなものである。

　一般に、W^* と W がリーマン面であれば、複素解析的な写像 $f : W^* \to W$ を局所的に 1 対 1 とは限らないものにまで拡げて考えることが可能である。この場合、(W^*, f) は分岐点をもつ被覆面と考えられ、これと区別するため、通常の被覆面を**不分岐な被覆面**と言うことにする。以下の議論では不分岐な被覆面のみを考える。

　V を W の開集合とする。(W^*, f) に関して V が**被均覆的** (evenly covered)

であるとは、$f^{-1}(V)$ の各連結成分が f によって V に 1 対 1 に写像されることをいう。この対応は常に同相写像であるが、W と W^* がリーマン面ならば等角である。

定義 9.2. W の被覆面 W^* は、W の各点が W^* に関して被均覆的な開近傍を持つとき完備であるという。

被均覆的な集合の連結部分集合はそれ自身被均覆的である。従って上の V としては円板に同相なものを考えれば十分である。

補題 9.1. 完備な被覆面は各点を同数回被覆する。

これは定義と W の連結性から直ちに従う。実際、ちょうど n 回被覆される点の集合は開かつ閉であることは容易に示される。この回数を被覆の枚数と呼ぶ。

γ を W 上の曲線すなわち連続写像 $\gamma : [a, b] \to W$ とする。曲線 $\gamma^* : [a, b] \to W^*$ が γ を被覆する（または γ が γ^* にリフトする）とは、すべての $t \in [a, b]$ に対して $f[\gamma^*(t)] = \gamma(t)$ が成立することをいう。このとき始点 $\gamma^*(a)$ は $\gamma(a)$ の上にある。

定理 9.1. もし (W^*, f) が完備なら、すべての曲線 γ は γ の始点 p_0 上の任意の点 p_0^* を始点とする曲線 γ^* に一意的にリフトする。

証明．$\gamma[a, \tau]$ が p^* を始点とする $\gamma^*[a, \tau]$ に一意的にリフトするような $\tau \in [a, b]$ 全体の集合を E とする。$a \in E$ なので E は空でない。もし $\tau \in E$ ならば、$\gamma(\tau)$ の被均覆的な近傍 V を固定すると十分小さな δ に対して $\gamma[\tau, \tau + \delta] \subset V$ となる。$\gamma^*(\tau)$ は $f^{-1}(V)$ の一つの成分 V^* に属するが、$f : V^* \to V$ は同相写像だから γ^* は $[\tau, \tau + \delta]$ まで一意的に延長される。これより E は相対的に開であることが示された。同様に E の補集合が開であることも示せるので $E = [a, b]$ である。

9.3.　基本群

曲線 $\gamma_1 : [0,1] \to W$ および $\gamma_2 : [0,1] \to W$ が共通の端点 $\gamma_1(0) = \gamma_2(0)$, $\gamma_1(1) = \gamma_2(1)$ を持つとしよう。連続写像 $\gamma : [0,1] \times [0,1] \to W$ が γ_1 から γ_2 への変形であるとは、$\gamma(0,u) = \gamma_1(0)$, $\gamma(1,u) = \gamma_1(1)$, $\gamma(t,0) = \gamma_1(t)$, $\gamma(t,1) = \gamma_2(t)$ であること、つまり始曲線が γ_1 で終曲線が γ_2 であるような、止まったままの端点の間を結び連続的に変化する曲線が存在することをいう。このような変形が存在するとき、γ_1 は γ_2 にホモトピー同値であるといい、記号 $\gamma_1 \approx \gamma_2$ で表す。

曲線が区間 $[0,1]$ を使って表されているのは単に便宜上のことで、一般の場合には助変数の変数変換でこれに帰着できる。

例として、W が平面内の凸領域である場合、端点を共有する任意の2曲線は変形 $\gamma(t,u) = (1-u)\gamma_1(t) + u\gamma_2(t)$ によってホモトピー同値である。

0 から 1 まで連続的に増加する関数 $\tau(t)$ によって曲線 γ の助変数表示を $\gamma[\tau(t)]$ に変えると、写像 $\gamma[(1-u)t + u\tau(t)]$ を作ればわかるように、幾何学的に同一のものであるこれらの2曲線は互いにホモトピー同値でもある。

関係 $\gamma_1 \approx \gamma_2$ は明らかに同値関係である。これによる同値類を**ホモトピー類**という。γ のホモトピー類を $\{\gamma\}$ で表す。同一のホモトピー類に属する2曲線は共通の端点を持つ。上で見たような助変数の変更はホモトピー類を変えない。

γ_1 の終点が γ_2 の始点であるとしよう。このとき、積 $\gamma = \gamma_1\gamma_2$ を

$$\gamma(t) = \begin{cases} \gamma_1(2t) & t \in [0, \frac{1}{2}] \\ \gamma_2(2t-1) & t \in [\frac{1}{2}, 1]. \end{cases}$$

で定義する。この構成は、$\gamma_i \approx \gamma_i'$ $(i = 1,2)$ なら $\gamma_1\gamma_2 \approx \gamma_1'\gamma_2'$ という意味でホモトピーを保つ。この性質をふまえて、二つのホモトピー類の積を $\{\gamma_1\}\{\gamma_2\} = \{\gamma_1\gamma_2\}$ によって定義することができる。

この積には、いつも定義できるとは限らないという欠点がある。この困難を解消するため、一点 $p_0 \in W$ を取り、p_0 を出て p_0 に変える曲線のみを考える。この制約をつければすべてのホモトピー類どうしを掛け合わせることがで

きる。さらに、退化した曲線 $\gamma(t) = p_0$ はこの積に関する単位元として働くので、これを 1 で表す。(これは p_0 に依存するが、そのことを表に出す必要はあまりない。) この積が結合法則をみたすことは容易に検証できる。さらに、すべてのホモトピー類は逆元を持つ。なぜなら、γ を逆向きにたどった γ^{-1} すなわち $\gamma^{-1}(t) = \gamma(1-t)$ は $\{\gamma\}\{\gamma^{-1}\} = 1$ をみたすからである。これらの性質は p_0 を端点とする閉曲線のホモトピー類全体が群をなすことを示している。この群を W の p_0 に関する**基本群**という。基本群を表す標準的な記号は $\pi_1(W, p_0)$ である。

　p_0 を他の点 p_1 に替えると何が起こるだろうか。W は連結なので、p_0 から p_1 までの曲線 σ が存在する。γ_1 の始点と終点が p_1 ならば $\gamma = \sigma\gamma_1\sigma^{-1}$ は p_0 を始点および終点とし、しかも $\{\gamma\}$ は $\{\gamma_1\}$ にのみ依存する。$\{\gamma\}$ と $\{\gamma_1\}$ の間のこの対応は 1 対 1 である。なぜなら $\gamma \approx \sigma\gamma_1\sigma^{-1}$ と $\gamma_1 \approx \sigma^{-1}\gamma\sigma$ は同値であるから。さらにこの対応は積を保つので $\pi_1(W, p_0)$ と $\pi_1(W, p_1)$ の間の同型写像である。つまり p_0 をどう取るかは結果にほとんど影響しない。基本群を抽象的な群と見なしたものを $\pi_1(W)$ と記す。曲面 W は $\pi_1(W)$ が単位元だけから成るとき**単連結**であるという。平面領域の場合には単連結性は拡張された平面における補集合の連結性と同値であることを思い出しておこう。

9.4.　部分群と被覆面

　以後、被覆面はすべて完備であるとする。この節では基本群と曲面 W の被覆面の関係を調べよう。

　(W_1, f_1) が W の被覆面であり、かつ (W_2, f_{21}) が W_1 の被覆面ならば、$(W_2, f_1 \circ f_{21})$ は W の被覆面である。このとき W の被覆面として $(W_2, f_1 \circ f_{21})$ は (W_1, f_1) よりも強いという。より形式的な表現で言えば、(W_2, f_2) が (W_1, f_1) より強いとは、写像 f_{21} で $f_2 = f_1 \circ f_{21}$ をみたし、かつ (W_2, f_{21}) が W_1 の被覆面になるものが存在することをいう。この関係は推移的であり、従って半順序を定める。二つの被覆面が互いに他より強いときにはこれらは同型であるので実質的には同一視される。

　W 上の被覆面 (W^*, f) を考えよう。$p_0 \in W$ および p_0 上の点 p_0^* を選ぶ。

W 上の閉曲線で p_0 を始点とするものを γ とし、p_0^* を始点とする曲線で γ を
リフトしたものを γ^* とする。このとき γ^* が閉曲線ではないことが起こりう
る。モノドロミー定理によれば、γ が 1 にホモトピックならば γ^* は 1 にホモ
トピックであり、従って閉曲線である（証明は [0, p.295][11]を参照）。これに
より、γ^* が閉じているかどうかは γ のホモトピー類のみよる性質である。

γ^* が閉曲線であるようなホモトピー類 γ の集合を D で表そう。もし γ が
D に属せば γ^{-1} もそうであり、γ_1 と γ_2 が D に属せば $\gamma_1 \circ \gamma_2$ もそうである。
よって D は $\pi_1(W, p_0)$ の部分群である。D が p_0^* のとり方に依存することに
注意しよう。

D の p_0^* への依存性はまったく簡単に決定できる。p_0^* を同じ射影 p_0 を持つ
点 p_1^* に変えたとき、σ^* を p_0 から p_1 への曲線とすると、その射影 σ は p_0 か
ら出る閉曲線となる。もし γ が p_0 から出る閉曲線ならば、$\sigma\gamma\sigma^{-1}$ が p_0^* から
出る閉曲線にリフトすることと γ が p_1^* から出る閉曲線にリフトすることが同
値であることは容易にわかる。このことより、D が p_0^* に対応していると同様
に D_1 が p_1^* に対応しているとすれば、$D_1 = \{\sigma\}^{-1}D\{\sigma\}$ である。つまり D
と D_1 は互いに共役な部分群である。逆に D に共役な部分群はすべてこのよ
うにして得られる。

定理 9.2. 上の構成は、$\pi_1(W, p_0)$ の部分群の共役類の集合と被覆面 (W^*, f)
の同値類の集合の間の 1 対 1 の対応を与える。また、D に W^* が対応すると
き $\pi_1(W^*)$ は D と同型である。

証明.　(W^*, f) が部分群の共役類を決めることは既に見た。また、同値
な被覆面が同じ共役類を定めることは自明である。逆に部分群 D から出発し
て対応する面 W^* を作る方法を述べよう。σ_1 と σ_2 を p_0 を始点とする W 上
の曲線とする。これらが同じ終点を持ち、かつ $\sigma_1\sigma_2^{-1}$ をみたすとき $\sigma_1 \sim \sigma_2$
と書こう。これが同値関係であることは明白である。W^* の点は曲線 σ の同値
類として定義される。σ の同値類を $[\sigma]$ で表すとき、射影 f を $[\sigma]$ に $\sigma \in [\sigma]$
の共通の終点を対応付けることによって定義する。

---

[11]笠原訳では第 319 ページ

　この W^* に曲面の構造を付与することは難しくない。この手続きを詳しく述べるため、W の構造が局所座標系 $\{U_\alpha, z_\alpha\}$ で与えられているとしよう（U_α は位相的円板）。点 $q_0 \in U_\alpha$ および q_0 上の点 $q_0^* = [\sigma_0]$ をとる。各 $q \in U_\alpha$ に対し、U_α 内で q_0 から q への曲線 σ を描く。すると $\sigma_0\sigma$ は q_0^* と q には依存するが σ の選び方にはよらない点 $[\sigma_0\sigma]$ を決める。このようにして集合 $U_\alpha^*(q_0^*) \subset W^*$ が決まり、これはその射影 U_α と 1 対 1 の対応関係にあるから、$\{U_\alpha^*(q_0), z_\alpha \circ f\}$ を局所座標系とする W^* の構造が決定される。

　これによって定まる位相がハウスドルフ性を持つことを示す必要がある。W^* の相異なる 2 点を p_1^*, p_2^* とする。もしこれらの射影が一致しなければ相交わらぬ近傍の存在は自明であるので、$f(p_1^*) = f(p_2^*)$, $p_1^* \in U_\alpha^*(q_0^*)$, $p_2^* \in U_\beta^*(q_1^*)$ であるとしよう。このとき $p_1^* = [\sigma_0\sigma']$, $p_2^* = [\sigma_1\sigma'']$ と書け、仮定より $\sigma_0\sigma'\sigma''^{-1}\sigma_1^{-1}$ は閉曲線であるが、そのホモトピー類は D に属さない。ここでもし仮に $U_\alpha^*(q_0^*)$ と $U_\beta^*(q_1^*)$ が 1 点を共有したとすれば、その点は二通りの表現 $[\sigma_0\tau'] = [\sigma_1\tau'']$ を持ち、かつ $\sigma_0\tau''\tau''^{-1}\sigma_1^{-1}$ は D に属することになるが、τ' と σ' の終点が $U_\alpha \cap U_\beta$ の同一の連結成分に属せば $\tau'\tau''^{-1} \approx \sigma'\sigma''^{-1}$ であることは容易に示せ、よって矛盾が生ずる。従って p_1^* と p_2^* は互いに交わらない近傍を持つ。

　この証明により、同じ射影 U_α を持つ二つの $U_\alpha^*(q_0)$ は相交わらないかまたは同一であるということも分かる。これは $U_\alpha^*(q_0^*)$ が $f^{-1}(U_\alpha)$ のちょうど一つの連結成分であり、従って (W^*, f) が完備な被覆面であることを意味している。

　この (W^*, f) が部分群 D またはそれと共役な部分群を決めることを示そう。始点として $p_0^* = [1]$ つまり p_0 を始点とする定値曲線を選ぶ。p_0 を始点とし $[0,1]$ を定義域とする曲線 σ を取り、その $[0,\tau]$ への制限を σ_τ で表す。すると σ のリフト $\tilde\sigma$ は $\tilde\sigma(\tau) = [\sigma_\tau]$ であるので、これが閉曲線になるためには $\{\sigma\} \in D$ が必要かつ十分である。これが示すべきことであった。

　あとは $\pi_1(W^*)$ と D の同型性の証明を残すのみである。γ^* を W^* 上の p_0^* を始点とする閉曲線とし、γ をその射影とする。すると $\{\gamma\} \in D$ であり、γ_1^* と γ_2^* がホモトピー同値ならそれらの射影もそうである（W^* 上の変形は W 上の変形へと射影する）。よって射影は $\pi_1(W^*, p_0^*)$ から D への写像を誘導す

る。D の定義よりこの写像は全射である。これは明らかに積を保ち、モノドロミー定理により $\gamma \approx 1$ なら $\gamma^* \approx 1$ であるから 1 対 1 である。よって射影が $\pi_1(W^*, p_0^*)$ から D への同型写像を定義することが結論付けられた。

定理 9.2 の応用には両極端とも言える二つの場合がある。まず D が $\pi_1(W, p_0)$ 全体に一致する場合、p_0 からの 2 曲線が同値であるためには終点が一致するだけでよいので、W^* は W と同一視できる。その反対に D が単位元だけから成る場合、これに対応する被覆面は**普遍被覆面**と呼ばれる。ここではこれを $\tilde{W}$ で表す。これを特徴づける性質として、$\tilde{W}$ 上の曲線はその射影が 1 にホモトピー同値なときに限り閉曲線であるというものがある。このとき $\pi_1(\tilde{W}) = 1$ となるので $\tilde{W}$ は単連結である。

基本群の部分群全体の集合は対応する被覆面全体と同じ半順序構造を持つ。より具体的には、D_1 と D_2 がそれぞれ W_1^* と W_2^* に対応するとき、$D_1 \subset D_2$ ならば W_1^* は W_2^* より上位にある。逆に、もし W_1^* が W_2^* より上位にあれば D_2 は D_1 に共役な部分群を含む。特に普遍被覆面は最上位である。これらの証明は読者に委ねよう。

9.5. 被覆変換

(W^*, f) を W の被覆面、φ を W^* からそれ自身の上への同相写像とする。φ が $f = f \circ \varphi$ をみたすとき、つまり p と $\varphi(p)$ が常に同じ射影を持つとき、φ は W^* の W 上の**被覆変換**であるという。W と W^* がリーマン面のとき、この φ は等角写像である。実際、W と W^* の局所変数 z_α, z_α^* を $z_\alpha^* = z_\alpha \circ f$ となるように取っておくと、φ の等角性とは $z_\beta^* \circ \varphi \circ z_\alpha^{*-1}$ の各定義域上での等角性のことだが、$z_\beta^* \circ \varphi \circ z_\alpha^{*-1} = z_\beta \circ f \circ \varphi \circ f^{-1} \circ z_\alpha^{-1} = z_\beta \circ z_\alpha^{-1}$ であるので仮定よりこれは等角になる。

定理 9.3. 被覆写像は恒等写像でなければ固定点を持たない。

証明. $\varphi(p_0^*) = p_0^*$ とする。被覆面の定義より、p_0^* の近傍 V^* で $f : V^* \to f(V^*)$ が同相写像であるものが存在する。$U^* \subset V^*$ を p_0^* の近傍で $\varphi(U^*) \subset$

V^* をみたすものとする。$p^* \in U^*$ ならば $f[\varphi(p^*)] = f(*) \in f(V^*)$ である。p^* と $\varphi(p^*)$ は両方とも V^* に入るから、この式より $\varphi(p^*) = p^*$ となる。よって φ の固定点全体は開集合である。これが閉集合であることは自明なので、定理は W^* の連結性から従う。

(W^*, f) の W 上の被覆変換全体は群をなす。定理 9.2 の意味で (W^*, f) に対応する部分群 D とこの群との間に簡単な対応関係があることを示そう。

定理 9.4. (W^*, f) の W 上の被覆変換群は $N(D)/D$ と同型である。ただし $N(D)$ は $\pi_1(W, p_0)$ における D の正規化群を表す。

証明. $g \in \pi_1(W, p_0)$ が $N(D)$ に属するためには $gD = Dg$ が必要かつ十分であったことを思い出そう。p_0 から出る閉曲線で $\{\gamma\} \in N(D)$ をみたすものを考える。この γ に写像 φ_γ を次のように付随させる。p_0^* を p^* まで曲線 σ^* で接続し、σ^* の射影を σ、$\varphi(p^*)$ を $\gamma\sigma$ のリフト $(\gamma\sigma)^*$ の端点とする。$\varphi(p^*)$ が σ^* の選び方によらないことを示さねばならない。そこで σ^* を σ_1^* に替えたとする。このとき $\{\sigma\sigma_1^{-1}\} \in D$ であり、従って $\{\gamma\sigma\sigma_1^{-1}\gamma^{-1}\} \in D$ である。よって $(\gamma\sigma)^*$ は $(\gamma\sigma_1)^*$ と同じ終点を持つ。φ_γ が被覆変換であり、$\varphi_{\gamma\gamma'} = \varphi_\gamma \circ \varphi_{\gamma'}$ をみたすことは明白である。さらに φ_γ が恒等写像であることと $\{\gamma\} \in D$ であることの同値性にも注意すれば、この対応により $N(D)/D$ から被覆変換群への同型写像が定義される。

逆に φ を被覆変換とし、γ^* を p_0^* から $\varphi(p_0^*)$ への曲線で射影 γ を持つものとする。すると $\varphi_\gamma(p_0^*) = \varphi(p_0^*)$ であり、$\varphi_\gamma\varphi^{-1}$ は固定点 p_0^* を持つ。よって定理 9.3 より $\varphi = \varphi_\gamma$ であるので任意の被覆変換が φ_γ という形であることが言え、証明が完了する。

特別に重要な場合は $N(D) = \pi_1(W, p_0)$、すなわち D が正規部分群であるときである。このとき p_0 から出るすべての閉曲線 γ に φ_γ が対応し、被覆変換群は p_0^* を p_0 上の任意の点に写す φ が一意的に存在するという意味で推移的である。この性質を持つ被覆を**正規**被覆という。これは p_0 の取り方によらない性質である。正規被覆面上では同じ射影を持つ点どうしは（いわば）見分

けがつかない。

9.6.　単連結な曲面

　単連結な曲面は基本群が単位元のみであるようなものとして定義した。定理
9.2 によれば、これはすべての被覆面の枚数が 1 であることを意味する。この
性質の帰結はやや間接的なものである。なぜなら、大方の問題においては、こ
の被覆面はあらかじめ与えられているわけではなく、構成して初めて現れるか
らである。この構成は次の非常に一般的な定理の中で例示される。

定理 9.5. W を単連結な曲面とし、$\{U_\alpha\}$ を連結な開集合による W の被覆と
する。各 U_α 上に以下の条件をみたす関数族 Φ_α が与えられているとする：

a)　$\varphi_\alpha \in \Phi_\alpha$, $\varphi_\beta \in \Phi_\beta$ であり、$V_{\alpha\beta}$ が $U_\alpha \cap U_\beta$ の連結成分であれば、
$\varphi_\alpha(p) = \varphi_\beta(p)$ がすべての $p \in V_{\alpha\beta}$ に対して成り立つか、またはどの p に対
しても成り立たない。

b)　もし $\varphi_\alpha \in \Phi_\alpha$ であり、$V_{\alpha\beta}$ が $U_\alpha \cap U_\beta$ の連結成分であれば、$V_{\alpha\beta}$ 上で
$\varphi_\alpha = \varphi_\beta$ をみたすような $\varphi_\beta \in \Phi_\beta$ が存在する。

この状況では、W 上の関数 φ で、その U_α への制限が Φ_α に属するものが存
在する。さらに、φ は一つの U_α への制限によって一意的に決まる。

注意. 関数 $\varphi_\alpha \in \Phi_\alpha$ の性質[12] を特定することはまったく不必要であり、それ
ゆえわざとしなかった。実のところこれらは名札のようなものと考えるのがよ
い。もっと抽象的な定式化も可能でそれなりの利便性があるのだが、ここでは
もっとも身近な応用に近いものを選んだ。

　証明.　$p \in U_\alpha$ かつ $\varphi \in \Phi_\alpha$ となる α があるような対 (p, φ) 全体を考え
る。$p = q$ かつ $\varphi(p) = \psi(q)$ で定義される関係 $(p, \varphi) \sim (q, \psi)$ は同値関係であ
る。(p, φ) の同値類を $[p, \varphi]$ で表す。W^* をそのような同値類すべての集合と
し、p に $[p, \varphi]$ を対応させる関数を f とする。

---

[12] 連続性や等角性など

α および $\varphi_\alpha \in \Phi_\alpha$ に対し、$U^*[\alpha, \varphi_\alpha]$ で $p \in U_\alpha$ となる $[p, \varphi_\alpha]$ 全体の集合を表す。f は $U^*[\alpha, \varphi_\alpha]$ と U_α の間に 1 対 1 対応を与える。この対応は W^* 上に位相を誘導するが、この位相がハウスドルフ性を持つことは (a) の帰結である。

W_0^* を W^* の連結成分とすると、(W_0^*, f) は W の完備な被覆面になることを示そう。$p^* = [p, \varphi] \in f^{-1}(U_\alpha)$ を取る。するとある β に対して $\varphi \in \Phi_\beta$ かつ $p \in U_\alpha \cap U_\beta$ である。(b) により、ある $\psi \in \Phi_\alpha$ に対して $\varphi(p) = \psi(p)$ であり、これより $p^* \in U^*[\alpha, \psi]$ が従う。その一方、各 $U^*[\alpha, \varphi_\alpha]$ は $f^{-1}(U_\alpha)$ に含まれているので $f^{-1}(U_\alpha)$ は

$$f^{-1}(U_\alpha) = \cup_{\varphi_\alpha \in \Phi_\alpha} U^*[\alpha, \varphi_\alpha]$$

と表せる。ここで各々の $U^*[\alpha, \varphi_\alpha]$ は開かつ連結であり、(a) により相異なる φ_α に対応する集合は同一であるかまたは交わりを持たない。よって $U^*[\alpha, \varphi_\alpha]$ は $f^{-1}(U_\alpha)$ の連結成分で、そのうち W_0^* に含まれるものは $f^{-1}(U_\alpha) \cap W_0^*$ の連結成分である。それらは U_α と 1 対 1 対応の関係にあるから、これで (W_0^*, f) が W の完備な被覆面であることが示された。

ここでは W は単連結であると仮定した。よって $f : W_0^* \to W$ は逆写像を持ち、$f^{-1}(U_\alpha) = U^*[\alpha, \varphi_\alpha]$ が一つの $\varphi_\alpha \in \Phi_\alpha$ に対して成立する。もし $U_\alpha \cap U_\beta \neq \emptyset$ ならばこのような $\varphi_\alpha, \varphi_\beta$ は $U_\alpha \cap U_\beta$ 上で一致するので、これらを合わせて大域的な関数 φ が定まる。φ を U_{α_0} 上で与えられた φ_{α_0} と一致させるには、W_0^* を $U^*[\alpha_0, \varphi_{\alpha_0}]$ を含む W^* の成分に取ればよい。

系 9.1. 複素数値関数 F が単連結な曲面 W 上で連続で、0 を値に取らないとする。このとき W 上の連続関数 f で $e^f = F$ をみたすものが存在する。

証明. 仮定より、すべての点 p_0 に対してその適当な連結開近傍上で $|F(p) - F(p_0)| < |F(p_0)|$ が成り立つ。このような近傍から成る集合族を $\{U_\alpha\}$ とし、$(\log F)_\alpha$ で $\log F$ の U_α 上の一価で連続な分枝の一つを表す。関数族 Φ_α が $(\log F)_\alpha + n2\pi i \,; (n \in \mathbb{Z})$ から成るとすれば、条件 (a), (b) がみたされることは明白であるので、各 U_α 上で一つの $(\log F)_\alpha + n2\pi i$ に等しい関数 f が存在する。この関数は連続であり、$e^f = F$ をみたす。

系 9.2. u を単連結なリーマン面 W 上の調和関数とすれば、u は W 上で共役調和関数を持つ。

　証明.　　U_α を単位円板に等角同値に取る。すると u は各 U_α 上で共役調和関数 v_α を持つ。Φ_α を $v_\alpha + c$（c は定数）全体とする。定理 9.5 より、大域的な関数 v で各 U_α 上で $v_\alpha + c$ の形をしたものの存在が保証される。

　付記　　リーマンの数々のアイディアは、深遠ではあったがあいまいに表現されていた。等角構造を非常に不正確な形ながら現代的な意味で初めて理解したのはクラインであろう。今日あるようなリーマン面の概念とその複素多様体への一般化は、ワイルの記念碑的な著作「リーマン面の概念」（Die Idee der Riemannschen Fläche [66]）へと遡る。より噛み砕いた解説はシュプリンガー [60] を、さらに詳しくはアールフォルス・サリオ [5] を参照されたい。

第10章
一意化定理

10.1. グリーン関数の存在

　この章ではケーベの**一意化定理**を証明する。これはおそらく、一変数の解析関数の全理論の中で単独で最重要の定理であろう。これは平面領域の場合のリーマンの写像定理に相当する働きをリーマン面に対して持つものである。当然のことながら、一旦一意化定理が証明されてしまえば、円板、平面、および球面以上に複雑なリーマン面を考える必要はない。とはいえ、これらの場合に帰着させることによりいつも問題が簡単になるというわけではないことは当然である。

　一意化定理の初期の証明は長く、洞察に富むものではなかった。今日使える多くの簡易化を利用することにより、証明を適正規模に収めることができる。証明の中で用いる唯一の構成的手段は、ディリクレ問題を解くためのペロンの方法である。これに加え、証明には最大値の原理を何度も用いる。最終的な段階で、古典的な証明中の複数の困難を一挙に解消したハインズによる特別な議論を用いよう。

　まず最初にリーマン面上のグリーン関数の存在について論じよう。上でもふれたことだが、この議論はペロンの方法という劣調和関数を用いる方法に基づいている。劣調和性は等角写像で不変であることを思い出そう。リーマン面上で劣調和関数を考えうるのはこの理由による。

　通常どおり劣調和関数は上半連続性を持ち、$-\infty$ を値に持ちうるわけであるが、ここの目的のためには孤立点においてのみ $-\infty$ に発散する連続な劣調和

関数に話を限定しても十分である。

W をリーマン面とする。W 上の劣調和関数族 V が**ペロン族**であるとは以下の条件がみたされるときをいう。

i) v_1 と v_2 が V に属せば $\max(v_1, v_2)$ も V に属す。

ii) W 上のジョルダン領域 Δ に対し、$\overline{v}$ を Δ 上で調和で v と同じ境界値を持ち、Δ の補集合上で v と一致する関数とする。$\overline{v}$ が劣調和であることはよく知られている。ペロン族の条件は $\overline{v} \in V$ である。

$\overline{v}$ は常に存在し、ポアソン積分を用いて構成できることに注意しよう。
ペロン族の基本的性質は次のとおりである。

定理 10.1. V がペロン族ならば、V の上限 $u(p) = \sup v(p)$ $(v \in V)$ は調和であるか、または恒等的に $+\infty$ である。

平面領域に対するこの定理の証明は $[0,\ \mathrm{pp.248\text{-}249}]^{13)}$ にあり、これはリーマン面へと容易に一般化できる。

$p_0 \in W$ を取り、z を p_0 における局所変数で $z(p_0) = 0$ をみたすものとする。V_{p_0} を次の性質をみたす関数 v の集合とする。

a) v は $W \setminus \{p_0\}$ 上で定義され、劣調和である。

b) v はあるコンパクト集合の外で恒等的に 0 である。

c) $\limsup_{p \to p_0}[v(p) + \log|z(p)|] < \infty.$

V_{p_0} がペロン族であることは明白であろう。もし $\sup v$ が有限なら（このときこれは調和だが）W は p_0 を極とするグリーン関数を持つといい、$-\sup v(p)$

---

13) 笠原訳、pp.268-269.

を $g(p, p_0)$ で表す。グリーン関数は p_0 における局所変数 $z(p)$ の取り方によらない。実際、条件 (c) が $z(p)$ の取り方によらないことは明らかである。g が存在するか否かが p_0 の取り方によらないことも言えるが、これは後で示そう。

円板 $|z| \leq r_0$ が $z(p)$ の値域に含まれているとしよう。$|z(p)| \leq r_0$ に対して $v_0(p) = \log r_0 - \log |z(p)|$, 他の $p \in W$ に対しては $v_0(p) = 0$ とおこう。すると $v_0 \in V_{p_0}$ となるので $g(p, p_0) \leq -v_0(p)$ である。特に $p \to p_0$ のとき $g(p, p_0) \to \infty$ であるので、$g(p, p_0)$ は定数ではない。

W がコンパクトならばグリーン関数は存在しない。なぜなら $g(p, p_0)$ が存在すれば最小値を取るはずだが、$g(p, p_0)$ は定数でなく p_0 以外で調和なのでこれはあり得ない。

グリーン関数の重要な性質を列挙しておこう。

AI　　　$g(p, p_0) > 0$.

AII　　　$\inf g(p, p_0) = 0$.

AIII　　　$g(p, p_0) + \log |z(p)|$ は p_0 の近傍上の調和関数として拡張される。

最初の性質は $0 \in V_{p_0}$ から出る。他の性質はこれほどには自明でないので後で証明しよう。

10.2. 調和測度と最大値の原理

コンパクトでない曲面は**開曲面**とも呼ばれる。これに「無限遠の」一点を加え、その近傍としてコンパクトな補集合をもつものをとることによりコンパクトな位相空間を作ることができる。リーマン面の場合はこの追加された点を**理想境界**とも呼ぶ。点列 p_n が ∞ に（または理想境界に）収束するための条件は、任意のコンパクト集合に対し、n を十分大きくすれば p_n がそれに入らなくなることである。

W を開リーマン面とし、K をそのコンパクト集合で $W \setminus K$ が連結なものとする。ペロン族 V_K を次のように定める。

i) $v \in V_K$ は $W \setminus K$ 上で定義され、劣調和である。

ii) $v \in V_K$ は $W \setminus K$ 上で ≤ 1 である。

iii) $v \in V_K$ ならば、$p_n \to \infty$ のとき $\overline{\lim} v(p_n) \leq 0$ である。

(*iii*) をより丁寧に言えば、「任意の $\epsilon > 0$ に対してコンパクト集合 K_ϵ が存在して、$p \in W \setminus K_\epsilon$ のとき $v(p) < \epsilon$ となる。」となる。

　V_K がペロン族であることは直ちに検証できる。関数たち $v \in V_K$ は一様に有界なので、調和関数 $u_K = \sup v$ は常に存在して $0 \leq u_K \leq 1$ をみたす。$u_K = 0$ または $u_K = 1$ であることもありうるが、前者の可能性は K が内点を持てば排除できる。これを示すため、K° を K の開核とし、p_0 を K° の境界点とする。局所変数 z が p_0 の近傍を円板 $|z| < 1$ 上に写像するとすれば、$|z| < 1$ に含まれる同心円版 $|z - z_0| < \delta$, $|z - z_0| < 2\delta$ で、前者は $z(K)$ に含まれるが後者は含まれないものが存在する。v を次の条件により定めよう:
(1) $z(p)$ が定義され、かつ $\delta < |z(p) - z_0| < 2\delta$ であるとき

$$v(p) = \log \frac{2\delta}{|z(p) - z_0|} : \log 2.$$

(2) その他の点では $v(p) = 0.$ するとこの v を $W \setminus K$ に制限したものは V_K に属し恒等的には 0 でないから、$u_K > 0$ である。

　残った 2 つの場合は $0 < u_K < 1$ または $u_K = 1$ である。前者の場合、u_K を K の **調和測度** といい、後者の場合、調和測度は存在しないという。後で示すように、調和測度が存在するか否かは K の取り方にはよらず、リーマン面 W の性質のみによる。よって調和測度の存在は理想境界の性質であるといってもよい。

　W のコンパクト集合 K に関係する重要な性質をもう一つあげよう。u は調和で $W \setminus K$ 上で上に有界であるとする。**最大値の原理が成立する** とは、このようなすべての u に対して

$$\limsup_{p \to K} u(p) \leq 0 \ \text{ならば} \ W \setminus K \text{上で} \ u \leq 0$$

が成り立つことをいう。

　u の有界性の仮定 $u \leq M$ なしでは最大値の原理は期待できないことに注意
しよう。最大値の原理が成立するか否かもやはり W のみにより、K にはよら
ない性質であることを後で示す。ただ、これに関しては K が内点を持つこと
を仮定する必要はない。

10.3.　諸条件の同値性

　上で導入した諸概念を結びつけるのが次の主定理である。

定理 10.2. 開リーマン面の次の 3 つの性質は同値である。
$i)$ グリーン関数が存在する。
$ii)$ 調和測度が存在する。
$iii)$ 最大値の原理が成立しない。

　より詳しく、特定の p_0, K に応じたこれらの主張を $(i)_{p_0}$, $(ii)_K$, $(iii)_K$ で
表したとき、これらの真偽が p_0 や K の取り方によらないこともこの定理は含
んでいる。証明には以下を検証すればよいことは明白である。

　　I　$p_0 \in K$ ならば $(i)_{p_0} \Rightarrow (iii)_K$.
　　II　$p_0 \in K^\circ (=\mathrm{int}\,K)$ ならば $(ii)_K \Rightarrow (i)_{p_0}$.
　　III　すべての K, K' に対して $(iii)_K \Rightarrow (ii)_{K'}$.

　I の証明．関数 $-g(p, p_0)$ の K 上での最大値を m とする。$W \setminus K$ 上では
この関数は 0 以下であるので、$W \setminus K$ で最大値の原理が成り立つとすると、
$W \setminus K$ 上では $-g(p, p_0) \leq m$ でなければならない。ゆえに m は面全体での
$-g(p, p_0)$ の最大値になり、それは $\{p_0\}$ の補集合の内点での値であるから、古
典的な最大値の原理に反する。

　II の証明．p_0 の近傍のうち、K に含まれ $|z| < 1$ と等角に同値 $(p_0 \leftrightarrow z = 0)$
であるものをとる。K_1, K_2 をそれぞれ閉円板 $|z| \leq r_1$, $|z| \leq r_2$ に対応するも
のとし、それらの境界を $\partial K_1, \partial K_2$ とする。u_K の存在を仮定すれば u_{K_1} の

存在が従う。$v \in V_{p_0}$ を取り、これを $v^+ = \max(v, 0)$ （これも V_{p_0} の元）で置き換える。不等式

$$v^+(p) \leq (\max_{K_1} v^+) v_{K_1}(p)$$

が理想境界の近傍で（従って ∂K_1 上でも）成り立つ。よってこれは K_1 の補集合上で成り立つので、特に

$$\max_{\partial K_2} v^+ \leq (\max_{\partial K_1} v^+)(\max_{\partial K_2} u_{K_1}) \tag{10.1}$$

である。次に K_2 上で関数 $v^+(p) + (1+\epsilon) \log |z(p)|$ $(\epsilon > 0)$ を考える。この値は $p \to p_0$ のとき $-\infty$ に近づく。よってこれは最大値を ∂K_2 上で取るので

$$\max_{\partial K_1} v^+ + (1+\epsilon) \log r_1 \leq \max_{\partial K_2} v^+ + (1+\epsilon) \log r_2 \tag{10.2}$$

を得る。(10.1) と (10.2) を組み合わせて $\epsilon \to 0$ とすれば、

$$\max_{\partial K_1} v^+ \leq (1 - \max_{\partial K_2} u_{K_1})^{-1} \log \frac{r_2}{r_1}$$

となる。($\max_{\partial K_2} u_{K_1} < 1$ は既知である。）　ゆえに v^+ は（従って v は）∂K_1 上で一様に上に有界なので、グリーン関数 $g(p, p_0)$ は存在する。

III の証明. $u_{K'}$ が存在しなければ $W \setminus K$ 上で最大値の原理が成立することを示そう。まず $K' \subset K$ であるときを考える。u は K の外部で調和であり、$u \leq 1$、かつ p が K に近づくとき $\limsup u(p) \leq 0$ であるとする。v を $V_{K'}$ の任意の要素とする。このとき K の外では $v(p) + u(p) \leq 1$ である。なぜならこの不等式は p が ∞ に近づくときも K に近づくときも成り立つからである。一方、もし $u_{K'}$ が存在しなければ v は $v(p)$ が 1 にいくらでも近く選べることから、$u(p) \leq 0$ でなければならず、従って最大値の原理が成立することになる。K と K' が任意なら、K'' を $K \cap K' \subset \mathrm{int} K''$ であるように選ぶ。u を上の通りとするとき、上で示したように最大値の原理は $W \setminus K''$ 上で成立する。よって $u \leq \max_{\partial K''} u$ が K'' 以外で成立する。もし $\max_{\partial K''} u$ が > 0 であったとすれば、不等式 $u \leq \max_{\partial K''} u$ は $K'' \setminus K$ 上でも成立することになるが、その時には u は $W \setminus K$ 上の最大値を $\partial K''$ 上で、よって必然的に定義域の内

点で取ることになる。これは不可能であるから $\partial K''$ 上で $u \leq 0$ である。最大値の原理を $K'' \setminus K$ と $W \setminus K''$ に対して別々に適用すれば $u \leq 0$ が $W \setminus K$ 上で成立することが従うが、これが示したかったことである。

あと、$g(p, p_0)$ の性質（AII）および（AIII）の証明が残っている。再び、局所変数 z で $z(p_0) = 0$ をみたすものを用いよう。$|z(p)| = r$ 上の $g(p, p_0)$ の最大値を $m(r)$ で表す。(10.2) より、$m(r) + \log r$ は r の増加関数である。よって p_0 の近くで $g(p, p_0) + \log |z(p)|$ は上に有界である。他方、$v(p)$ を、$|z(p)| < r_0$ のときは $-\log |z(p)| + \log r_0$ で、その他の点では 0 で定義する。この関数が V_{p_0} に属することは自明なので $g(p, p_0) \geq -\log |z(p)| + \log r_0$ となる。古典理論でよく知られているように有界な調和関数の孤立特異点は除去可能であるので、性質（AIII）が示された。

$\inf g(p, p_0)$ を c で表そう。$p \to p_0$ のとき $g(p, p_0) + \log |z(p)|$ の極限が有限確定であることは既知なので、すべての $v \in V_{p_0}$ に対して $(1 - \epsilon) v(p) \leq g(p, p_0) - c$ となる。よって $c \leq 0$ であり、従って（AII）の主張の通り $c = 0$ である。

定義 10.1. 開リーマン面のうち、定理 10.2 で上がった性質のうちの一つ（従ってすべて）を持つものを、**双曲型リーマン面**という。これらの性質を持たない開リーマン面を**放物型リーマン面**と呼ぶ。

例えば円板は双曲型であり、全複素平面は放物型である。リーマン球面はコンパクトなので、双曲型でも放物型でもない。放物型リーマン面はコンパクトなリーマン面と多くの性質を共有する。一つの練習問題として次を証明しよう。

命題　放物型リーマン面上の正値調和関数は定数である。

証明.　u を放物型リーマン面 W 上の正値調和関数とする。p と q を W 上の点とすれば $-u$ は調和で上に有界である。最大値の原理を $W \setminus \{p\}$ と $W \setminus \{q\}$ 上で $-u$ に適用すれば $-u(q) \leq -u(p) \leq -u(q)$ が得られるが、これ

は u が定数であることを意味する。

10.4.　一意化定理の証明（その1）

　位相的に同型な二つの曲面は相異なる等角構造を持ちうる。卑近な例は円板と平面であり、これらは同一の位相構造を持つが等角同値ではない。通常は一つの位相的曲面は夥しい等角構造を持ちうるが、一意化定理が記述するのはその中で例外的な場合である。この定理によれば、位相的な球面は等角構造をただ一つだけ持ち、位相的な円板はそれを二つ持つ。これらの主張をまとめて、単連結な曲面についての一つの命題にしておくと便利である。

定理 10.3.　（一意化定理）　　単連結なリーマン面は、円板、複素平面、またはリーマン球面のどれかに等角同値である。

　グリーン関数の存在は等角不変な性質だから、最初から明らかなように、リーマン面が円板に等角同値になりうるのはそれが双曲型であるときに限り、全平面に同値なのは放物型であるときに限る。また、球面の場合はコンパクト性により特徴づけられる。これらの3つの場合を別々に扱おう。

双曲型の場合　W は単連結なリーマン面で、すべての p_0 に対してグリーン関数 $g(p, p_0)$ が存在する。各点 $p \neq p_0$ は p_0 を含まない近傍 U_α で円板に等角同値なものを含む。h_α を U_α における $g(p, p_0)$ の共役調和関数としよう。これは定数差を除けば一意的である。関数 $f_\alpha(p) = e^{-(g+ih_\alpha)}$ は U_α 上で解析的であり、絶対値が1の定数倍を除いて一意的である。

　p_0 の近傍 U_{α_0} 上でも同様にして、$g(p, p_0) + \log|z(p)|$ の共役調和関数 h_{α_0} を（局所変数 z を適当に選んで）考え、$f_{\alpha_0}(p) = e^{-(g+ih_{\alpha_0})}$ $(p \neq p_0)$ $(f_{\alpha_0}(p_0) = 0)$ とおく。

　これで定理9.5を応用する準備が整った。実際、これらの U_α は W の開被覆をなし、各 U_α 上には関数族 f_α が定義されている。U_α と U_β の交わりの部分では商 f_α/f_β の絶対値は定数なので、f_α/f_β は $U_\alpha \cap U_\beta$ の各連結成分上で定数である。よって f_α と f_β は $U_\alpha \cap U_\beta$ の連結成分上で恒等的に等しいか、ま

たはどの点でも異なる値を取るので、一つの連結成分上で f_α が与えられると f_β における定数を調節してその連結成分上で $f_\alpha = f_\beta$ であるようにできる。よって定理 9.5 から、$p = p_0$ で 0 であり $p \neq p_0$ で $\log f(p, p_0) = -g(p, p_0)$ をみたすような W 上の解析関数 $f(p, p_0)$ が存在する。$|f(p, p_0)| < 1$ であり、$f(p, p_0) = 0$ は $p = p_0$ のときだけ成り立つことに注意しよう。

定理 10.3 を証明するには $f(p, p_0)$ が 1 対 1 であることを示せば十分である。なぜなら、そうであれば W は有界な平面領域に等角同値であり、従ってリーマンの写像定理に訴えて W が単位円板に等角同値であることが結論できるからである。（実際にはリーマンの写像定理の標準的な証明により、この $f(p, p_0)$ が単位円板の上への写像にもなっていることが示せるのだが。）

証明の残りの部分のアイディアは、$f(p, p_0)$ を $p_1 \neq p_0$ に対する $f(p, p_1)$ と比べることである。関数

$$F(p) = [f(p, p_0) - f(p_1, p_0)] : [1 - \overline{f}(p_1, p_0)f(p, p_0)] \tag{10.3}$$

を考える。$|f(p_1, p_0)| < 1$ であるから、右辺の商は極を持たず、従って F は W 上解析的であり、$|F| < 1$ かつ $F(p_1) = 0$ である。

第 10.1 節の内容を思い出すと、すべての $v \in V_{p'}$ は劣調和であり、理想境界の近傍で 0 で、かつ $z_1(p_1) = 0$ をみたす局所変数 z_1 に対して $\limsup_{p \to p_1}[v(p) + \log|z_1(p)|] < \infty$ であった。$F(p)/z_1(p)$ は p_1 で正則だから、$\epsilon > 0$ に対して

$$\limsup_{p \to p_1}[v(p) + (1 + \epsilon)\log|F(p)|] = -\infty$$

である。よって最大値の原理を用いることにより、W 上で $v(p) + (1 + \epsilon)\log|F(p)| \leq 0$ であることが結論できる。極限移行により

$$g(p, p_1) + \log|F(p)| \leq 0. \tag{10.4}$$

この式は $|F(p)| \leq |f(p, p_1)|$ とも書ける。$p = p_0$ に対してこの不等式より $|f(p_1, p_0)| \leq |f(p_0, p_1)|$ であることが従うが、p_0 と p_1 を入れ替えることができるので、実際には $|f(p_1, p_0)| = |f(p_0, p_1)|$ が示せたことになる。

この結果、(10.4) は $p = p_0$ に対して等式になる。よってその左辺はここで最大値をとる調和関数になり、従って恒等的に 0 となり、よって $|F(p)| =$

$|f(p,p_1)|$ すなわち $F(p) = e^{i\theta} f(p,p_1)$（$\theta$ は実定数）となる。さらにこの等式から $F(p) = 0$ が $p = p_1$ でのみ成り立つことも言えるから、(10.3) によりこれは $f(p,p_0) = f(p_1,p_0)$ が $p = p_1$ に対してのみ成立することを意味し、よって $f(p,p_0)$ が実際に単葉であることが示された。

放物型の場合　この場合の問題は、非定数の調和関数または非定数の劣調和関数の存在が、それらに特異点を許した状況でさえアプリオリには知られていないことである。そこでグリーン関数の代替物に相当する $p \neq p_0$ で調和な関数 $u(p,p_0)$ として、局所変数 z で $z(p_0) = 0$ をみたすものに対して $\mathrm{Re}(1/z(p))$ と同じ挙動を示すものが必要になる。$u(p,p_0)$ はペロン族を使って構成できると思いたいところであろう。つまり条件 $\limsup_{p \to p_0} [v(p) - \mathrm{Re}(1/z(p))] \leq 0$ によって定まる族であるが、この方法は放棄しなければならない。というのも、この族が空でないことを保証することが容易ではないからである。ここではその代わりに間接的な、本質的にはノイマン [40] に遡る方法に則らねばならない。

補題 10.1. $u(z)$ は $\rho \leq |z| \leq 1$ 上で調和で $|z| = \rho$ 上で定数であるとする。u の $|z| = r$ 上での変動量 $\max_{|z|=r} u(z) - \min_{|z|=r} u(z)$ を $S_r(u)$ とおく。このとき

$$S_r(u) \leq q(r)S_1(u), \tag{10.5}$$

ただし $q(r)$ は r のみにより、$r \to 0$ のとき $q(r) \to 0$.

証明.　u は $|z| = r$ 上の最大値と最小値をそれぞれ z_0 および $\overline{z_0}$ で取るとしても構わない。調和関数 $u(z) - u(\overline{z})$ を円環の上半部 $\rho \leq |z| \leq 1, \mathrm{Im}\,z \geq 0$ 上で考えよう。この関数は実軸と内側の小半円周上で 0 であり、外側の半円周上では $\leq S_1(u)$ である。また、その値は z_0 では $S_r(u)$ である。これは半円板全体で定義された調和関数なので、$|z| = 1$ 上で $S_1(u)$ に一致し直径上で 0 となる調和関数で押さえられる。ゆえに図 10.1 に示された角 α に関して

$$S_r(u) \leq \frac{2}{\pi}(\pi - \alpha)S_1(u)$$

が成り立つ。r を止めるごとに $z_0 = ir$ で α は最小になるので

$$S_r(u) \leq \left(\frac{4}{\pi} \arctan r \right) S_1(u)$$

であるが、これが求める不等式になっている。

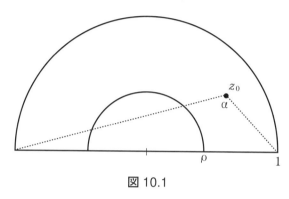

図 10.1

補題 10.2. W が放物型ならば、$z(p)$ を $z(p_0) = 0$ をみたす局所変数とし $|z| < \rho$ の逆像を Δ_ρ とするとき、$W \setminus \overline{\Delta_\rho}$ 上の有界調和関数 u_ρ で境界値が $\mathrm{Re}(1/z(p))$ であるものが一意的に存在する。

証明. Δ_ρ の境界上で $v \leq \mathrm{Re}(1/z(p))$ をみたす $W \setminus \overline{\Delta_\rho}$ 上の有界劣調和関数の族に対して、ペロンの方法が適用できる。これらの関数は $W \setminus \overline{\Delta_\rho}$ 上では最大値の原理が正しいことから一様に有界である。$u_\rho = \sup v$ が調和であることの理由はこれで十分であろう。よく知られた初等的な議論により（[0, p.250] を見よ[14]）u_ρ は然るべき境界値を持つ。一意性は最大値の原理の帰結である。

補題 10.3. 上の補題の関数 u_ρ は

$$\int_0^{2\pi} \frac{\partial}{\partial r} u_\rho(re^{i\theta}) d\theta = 0 \tag{10.6}$$

をみたす。

---

[14] 笠原訳では p.270.

証明. $D \subset W$ を可微分な境界を持つ相対コンパクトな領域で $\overline{\Delta_\rho}$ をみたすものとする。$D \setminus \overline{\Delta_\rho}$ に関する $\partial\Delta_\rho$ の調和測度を ω で表す。このとき

$$\int_{\partial\Delta_\rho} \left(\omega \frac{\partial u_\rho}{\partial n} - u_\rho \frac{\partial\omega}{\partial n} \right) ds = \int_{\partial D} \left(\omega \frac{\partial u_\rho}{\partial n} - u_\rho \frac{\partial\omega}{\partial n} \right) ds, \tag{10.7}$$

ただし線素 ds と法線微分は局所変数に関するものである。

最大値の原理より $|u| \le 1/\rho$ である。さらに $\partial\Delta_\rho$ 上で $\omega = 1$, ∂D 上で $\omega = 1$, かつ $\partial\omega/\partial n$ は $\partial\Delta_\rho$ と ∂D 上で一定の符号を持つことに注意しよう。これらの観察により、(10.7) から

$$\left| \int_{\partial\Delta_\rho} \frac{\partial u_\rho}{\partial n} ds \right| \le \frac{1}{\rho} \left| \int_{\partial\Delta_\rho} \frac{\partial\omega}{\partial n} ds \right| + \left| \int_{\partial D} \frac{\partial\omega}{\partial n} ds \right|$$

$$= \frac{2}{\rho} \left| \int_{\partial\Delta_\rho} \frac{\partial\omega}{\partial n} ds \right|$$

が導ける。

ここで D を拡大して W に近づけると、$\overline{\Delta_\rho}$ は調和測度を持たないから、ω は $\partial\Delta_\rho$ の近傍で一様に 1 に収束する（ω は鏡像原理を使って拡張されることに注意）。よって $\partial\omega/\partial n$ は $\partial\Delta_\rho$ 上で一様に 0 に収束するので

$$\int_{\partial\Delta_\rho} \frac{\partial u_\rho}{\partial n} ds = 0.$$

これを局所変数 z を使って書けば $r = \rho$ に対する (10.6) になる。ところが (10.6) における積分は r にはよらない。

補題 10.4. $\rho \to 0$ のとき、すべての Δ_ρ の外側で有界な $W \setminus \{p_0\}$ 上の調和関数 u で $\lim_{p \to p_0} [u(p) - \mathrm{Re}(1/z(p))] = 0$ をみたすものがあり、u_ρ は u に収束する。u はこれらの性質で一意的に定まる。

証明. $z(p)$ の値域が $|z| \le 1$ を含むと仮定する。補題 10.1 を $u - \mathrm{Re}(1/z)$ に適用すると

$$S_r \left(u - \mathrm{Re}\frac{1}{z} \right) \le q(r) S_1 \left(u - \mathrm{Re}\frac{1}{z} \right) \tag{10.8}$$

が得られる。よって

$$S_r(u_\rho) - \frac{2}{r} \leq q(r)[S_1(u_\rho) + 2] \tag{10.9}$$

となる。他方、$W \setminus \overline{\Delta}_\rho$ 上の最大値の原理により

$$S_1(u_\rho) \leq S_r(u_\rho). \tag{10.10}$$

(10.9) と (10.10) より

$$S_1(u_\rho) \leq \frac{2q(r) + 1}{1 - q(r)} \tag{10.11}$$

であることが結論付けられる。

固定された $r = r_0 < 1$ に対し、(10.11) より $S_1(u_\rho)$ が ρ に依存しない定数 C よりも小さいことが従う。よって (10.8) に戻れば

$$S_r\left(u_\rho - \mathrm{Re}\frac{1}{z}\right) \leq (C + 2)q(r). \tag{10.12}$$

補題 10.3 より $|z| = r$ 上の u_ρ の平均値は r に依存しない。$\mathrm{Re}(1/z)$ の平均は 0 であるから $u_\rho - \mathrm{Re}(1/z)$ の平均も 0 である。よって (10.12) より

$$\max_{|z|=r}\left|u_\rho - \mathrm{Re}\frac{1}{z}\right| \leq (C + 2)q(r) \tag{10.13}$$

が結論でき、従って

$$\max_{|z|=r}|u_\rho - u_{\rho'}| \leq 2(C + 2)q(r) \tag{10.14}$$

も、ρ, ρ' に対して成立することが言える。$|u_\rho - u_{\rho'}|$ が Δ_r の補集合上でこれと同じ評価を持つことは最大値の原理で言えるから、p_0 の任意の近傍の外部で $u = \lim_{\rho \to 0} u_\rho$ が一様な極限として存在することが示された。

u については (10.13) と (10.14) から

$$\max_{|z|=r}\left|u - \mathrm{Re}\frac{1}{z}\right| \leq (C + 2)q(r)$$

および

$$\max_{|z|=r} |u_\rho - u| \le 2(C+2)q(r)$$

が得られる。この最初の不等式は $p \to p_0$ のとき $u - \mathrm{Re}(1/z) \to 0$ であること
を示し、後の不等式は u が Δ_ρ の外で有界であることを示している。最後に、
u の一意性は最大値の原理から従う。

10.5.　一意化定理の証明（その2）

　放物型の場合の議論を続けよう。関数 u の構成は済んだが、p_0 をはじめと
する W の各点の近傍上で、u は定数差を除いて一意に決まる共役調和関数を
持つことに注意しよう。定理 9.5 を使うと、大域的な有理型関数 $f = u + iv$
で、p_0 における局所変数による展開が

$$f(p) = \frac{1}{z} + az + \cdots \tag{10.15}$$

であるものが作れる。この正規化により f は一意的に定まる。z を $\tilde{z} = -iz$
で置き換えると、これに対応する正規化された関数 $\tilde{f}$ があるが、元の変数でこ
れを書けば

$$\tilde{f}(p) = \frac{i}{z} + bz + \cdots \tag{10.16}$$

となる。$\tilde{f} = if$ であることを示そう。このために、まず Δ_ρ を任意に取り、Δ_ρ
の外で $|\mathrm{Re}f| \le M$ かつ $|\mathrm{Re}\tilde{f}| \le M$ であると仮定する。Δ_ρ 内の点 $p_1 \ne p_0$ で
$\mathrm{Re}f(p_1) > M$ かつ $\mathrm{Re}\tilde{f}(p_1) > M$ となるものが存在する。（p_0 に十分近い p_1
で $\arg p_1 = \pi/4$ をみたすものを取ればよい。）このとき Δ_ρ 外の点 p に対して
$f(p) \ne f(p_1)$ であり、$\partial\Delta_\rho$ 上で $\mathrm{Re}[f(p) - f(p_1)] < 0$ だから、偏角の原理よ
り $f(p) - f(p_1)$ の零点は p_1 のみであり、この零点の位数は 1 である。$\tilde{f}$ につ
いても同様である。従って次の形の展開が得られる。

$$F(p) = \frac{f(p)}{f(p) - f(p_1)} = \frac{A}{z - z_1} + B + \cdots$$

$$F(p) = \frac{\tilde{f}(p)}{\tilde{f}(p) - \tilde{f}(p_1)} = \frac{\tilde{A}}{z - z_1} + \tilde{B} + \cdots. \tag{10.17}$$

p_1 の選び方から

$$|F(p)| \leq 1 + \frac{|f(p_1)|}{\mathrm{Re}f(p_1) - M}$$

が Δ_ρ 外の p に対して成立し、$\tilde{F}$ についても同様の評価式が成り立つ。

従って線形結合 $\tilde{A}F - A\tilde{F}$ は曲面全体で有界な解析関数である。W は放物型だからこの関数は定数でなければならず、これによりある 1 次分数変換 T があって $\tilde{f} = T(f)$ となることが分かる。(10.15) と (10.16) の展開式から、これは $\tilde{f} = if$ という形に限られることが分かる。

この関係式 $\tilde{f} = if$ は、$\mathrm{Re}f$ だけでなく f 自身が Δ_ρ の外側で有界であることを示している。そこで、Δ_ρ 外で $|f(p)| < M_1$ であるとし、Δ_ρ 内の点 $p_1 \neq p_0$ で $|f(p_1)| > M_1$ をみたすものを選ぶ。すると（この p_1 に応じて定まる）F は、(10.17) の最初の行がその定義式だが、やはり Δ_ρ の外部で有界であり、偏角の原理から（またはルーシェの定理によって）F の特異点は p_1 における 1 位の極のみであることが分かる。

f は p_0 によって一意的に決まるわけではないが、局所変数 z を固定してそれに応じて定まる f を $f(p, p_0)$ で表すことにする。$p_1 \in \Delta_\rho$ のときには同じ z を用いて $f(p, p_1)$ を定義する。$f(p, p_1)$ と $F(p)$ の展開を比較すると、両者は同じ特異性を持つので、面が放物型であることから $F(p) = af(p, p_1) + b$ (a, b は定数) となり、従って $f(p, p_1)$ は $f(p, p_0)$ の 1 次分数変換である。このことは p_1 が p_0 の近くになくても真である。なぜなら p_0 から p_1 へと連続的に、前の点に近い中間的な点を補いながら到達できるからである。この関係の具体的な表示として $f(p, p_1) = S[f(p, p_0)]$ と書こう。

これにより $f(p, p_0)$ が 1 対 1 であることが容易に導ける。実際、$f(p, p_0) = f(p_1, p_0)$ とすれば、上の S を用いて

$$f(p, p_1) = S[f(p, p_0)] = S[f(p_1, p_0)] = f(p_1, p_1) = \infty$$

となり、$f(p, p_1)$ の唯一の極が p_1 だから $p = p_1$ となる。

これで W が $\mathbb{C} \cup \{\infty\}$ の開集合と等角同値であることが示された。W はコンパクトではないのでこの集合はリーマン球面全体ではない。その補集合が 2 点以上を含むこともない。なぜならその場合、リーマンの写像定理により W

が双曲型になってしまうからである。そこでこの補集合に属する唯一の点を 1
次分数変換で ∞ に飛ばしてしまえば、W を全複素平面上に写像するプロジェ
クトが完成する。

コンパクトな場合 1 点 p_0 を取り除き、$W \setminus \{p_0\}$ が放物型であることを示
すという方針も考えられるが、この難点は、位相的な方法による $W \setminus \{p_0\}$ の
単連結性の証明が、そう自明ではないことである[15]。

代替案として、放物型の場合の証明を繰り返すことにする。補題 10.2 から
補題 10.4 まではこの場合にも通用する。証明に必要なのは古典的な最大値の
原理だけなので、前より簡単である。関数 $f(p, p_0)$ の構成は前と同じで、同様
の議論によってこれが 1 対 1 写像であることが示される。$f(p, p_0)$ の値域は開
集合であり、同時にリーマン球面のコンパクトな部分集合でもあるので球面全
体でなければならない。

注意. 曲面とリーマン面の定義において、この位相構造が第 2 可算公理をみた
すことは仮定しなかったし、証明でこの性質を陰にも陽にも用いることはな
かった。実際これはペロンの方法の顕著な利点であり、これは大域的な可算性
を表に出さずに局所的な構成だけを用いるのである。補題 10.3 の証明で増大
する領域 D の皆既族（$exhaustion$）を用いたが、D は包含関係による半順序
の意味で増大するので、D の（可算）列を用いたわけではない。従って、一意
化定理が証明された結果、すべての単連結なリーマン面が第 2 可算公理をみ
たすことが言えたことになる。そして普遍被覆面を経由することにより、任意
のリーマン面についても同様であることが言えるのである。この観察はラドー
[55] による。

---

[15] 基本群が自明な閉曲面が球面と同相であることは、本書では次節で初めて証明さ
れる。

10.6. 一般のリーマン面

これからは単連結性の条件を落として考えよう。第 9 章では、リーマン面 W はすべて本質的に一通りの普遍被覆面 $\tilde{W}$ を持つことを示した。$\tilde{W}$ は $\pi_1(\tilde{W}) = 1$ で定義され、この性質は等角同値を除けば $\tilde{W}$ を W の唯一の単連結な被覆面として特徴づける。

$\tilde{W}$ は単連結であるから、一意化定理によりリーマン球面、複素平面、あるいは単位円板と等角同値である。等角写像はリーマン面の実質的な性質を保つから、$\tilde{W}$ はこれらの内の一つであるとして構わない。目下のところはこれらをすべて同列に扱いたいので、$\tilde{W}$ が双曲型か放物型か、あるいはコンパクトであるかは問わない。どの場合にも $\tilde{W}$ を複素数 z の集合（$z = \infty$ も許す）とみなすことができる。

より厳密には普遍被覆面は対 $(\tilde{W}, f)$ であり、$f : \tilde{W} \to W$ は射影である。$f(z)$ は W に値を持つ $\tilde{W}$ 上の解析関数とみなせる。

同相写像 $\varphi : \tilde{W} \to W$ で $f \circ \varphi = f$ をみたすものを被覆変換というのであった。第 9.5 節の冒頭部で、すべての被覆変換は等角な位相同型であることを述べ、定理 9.3 で被覆変換は恒等写像を除き固定点を持たないことに注意した。

これらの 3 つの場合すべてにおいて、すなわち球面、平面、円板に対し、等角な自己同型写像は 1 次分数変換 $\varphi(z) = (az + b)/(cz + d)$, $ad - bc \neq 0$ で与えられることが知られている。どの場合にも、これらの自己同型は球面上に固定点を持っている。従って、もし $\tilde{W}$ が球面なら φ は恒等写像でしかありえない。もし $\tilde{W}$ が平面なら固定点は ∞ のみであり、これにより $\varphi(z) = z + b$ となるので φ は平行移動である。最後に、もし $\tilde{W}$ が単位円板なら固定点は単位円周上になければならない。この場合は φ は放物型または双曲型の変換であり、$\varphi(z) = (az + b)/(\bar{b}z + \bar{a})$ の形である。この形をしたものの中で、φ は回転とは異なる非ユークリッド的運動とみなすことができる。

定理 9.4 により、被覆変換全体は群をなし、ここでは $D = 1$ なのでこの群は $\pi_1(W)$ と同型である。もし $\tilde{W}$ が球面ならば、これより $\pi_1(W) = 1$ が従う。$\tilde{W}$ はコンパクトだからその射影 W もそうであり、従って一意化定理により W は球面に等角同値であり $\tilde{W}$ と 1 対 1 に対応する。この自明な場合は無視

してよい。残りの場合、$\pi_1(W)$ はユークリッド平面の平行移動から成る群か、
または非ユークリッド平面における固定点を持たない運動から成る群として表
現することができる。

　被覆変換の性質としてまだ挙げていなかったことがある。各点 $p \in \tilde{W}$ に対
しある近傍 $\tilde{V} \ni p$ があり、これは $f(\tilde{V})$ と 1 対 1 に対応するのだが、もし φ
が恒等写像と異なる被覆変換ならばこの $\tilde{V}$ と $\varphi(\tilde{V})$ は交わらない。実際、仮
に $p \in \tilde{V} \cap \varphi(\tilde{V})$ であったとすれば、$p = \varphi(q)$, $p, q \in \tilde{V}$ であるが、すると
$f(p) = f[\varphi(q)] = f(q)$ となり、これが成り立つのは $p = q$ のときのみである
ので $\varphi(p) = p$ となり、φ は恒等写像となる。繰り返すと、$\tilde{W}$ の各点は被覆変
換による像と交わらない近傍を持つ。この事実を指して、被覆変換群は $\tilde{W}$ 上
で**真性不連続**（properly discontinuous）であると言う。

　$\tilde{W}$ が平面のとき被覆変換の群 Γ は平行移動から成る真性不連続群であり、
この群が次の 3 つの型に限ることは古典的な事実である：(1) 恒等写像だけか
ら成る群 (2) $\varphi(z) = z + b$ $(b \neq 0)$ で生成される無限巡回群 (3) $\varphi_1(z) = z + b_1$,
$\varphi_2(z) = z + b_2$ （b_1, b_2 の比は実数ではない）で生成されるアーベル群。曲面
W は Γ に含まれる変換で互いに対応する点どうしを同一視することにより復
元される。(1) の場合には W は平面であり、(2) の場合には無限に長い円筒
状で、1 点穴あき平面と等角同値である。(3) の場合には平行四辺形の対辺を
同一視して得られるトーラスになる。このトーラス上の解析関数の理論は楕円
関数論と同等である。

　上記以外はすべて $\tilde{W}$ は円板になる。このとき、群 Γ は円板をそれ自身に写
像し、無固定点 1 次分数変換の真性不連続な群である。逆に Γ がそのような群
であれば、群の作用で同値な点どうしを同一視することにより一つのリーマン
面が得られる。これらをまとめて一つの定理として述べよう。

定理 10.4. もしリーマン面 W が球面、平面、または 1 点穴あき平面のどれに
も同値でなければ、単位円板 Δ を自身に写す固定点のない 1 次分数変換の真
性不連続群 Γ が存在して、Γ の作用で同値な点を同一視して得られるリーマン
面 Δ/Γ は W に等角同値である。

　W 上の解析関数の理論は群 Γ による保型関数の理論になり、円板上の双曲

計量は W 上の定曲率 -1 のポアンカレ計量に移行する。特に、補集合が 2 点以上を含むような平面領域はポアンカレ計量を持つ。(I-1-7 を見よ。)

付記　　一意化定理の古典的な証明は皆、「染み出し法」(oil speck method) を使っている。これは曲面を相対コンパクトな部分領域の列で取り尽くす方法であるが、ペロンの方法によりこれを使わずにグリーン関数と調和測度を直接定義することが可能になった。本書の証明はこの点以外ではシュワルツとノイマンの交代法に似ている。というのも、定理 10.2 における比較のために同様の古典的な評価式を用いているからである。10.4 と 10.5 における議論はハインズ [31] に倣ったものである。

参考文献

[0] Ahlfors, L. V., *Complex analysis. An introduction to the theory of analytic functions of one complex variable,* Third edition. International Series in Pure and Applied Mathematics. McGraw-Hill Book Co., New York, 1978. xi+331 pp. (L.V. アールフォルス著　笠原乾吉訳　複素解析　現代数学社　1982)

[1] ———, *An Extension of Schwarz' Lemma,* Trans. Am. Math. Soc. **43** (1938), 359-364.

[2] ———, *Untersuchungen zur Theorie der konformen Abbildung und der ganzen Funktionen,* Acta Soc. Sci. Fenn., Nov. Ser. A1, **9** (1930), 1-40.

[3] Ahlfors, L. V. and Beurling, A., *Invariants conformes et problèmes extrémaux,* 10th Scand. Congr. Math., (1946), 341-351.

[4] ———, *Conformal Invariants and Function-Theoretic Nullsets,* Acta Math. **83** (1950), 101-129.

[5] Ahlfors, L. V. and Sario, L., *Riemann Surfaces,* Princeton University Press, 1960.

[6] Beurling, A., *Études sur un problème de majoration,* Thèse, Uppsala, 1933.

[7] Bieberbach, L., *Über die Koeffizienten derjenigen Potenzreihen, welche eine schlichte Abbildung des Einheitskreises vermitteln,* Sitz. Ber. Preuss, Akad. Wiss. **138** (1916), 940-955.

[8] Bloch, A., *Les théorèmes de M. Valiron sur les fonctions entières et la théorie de l'uniformisation,* Ann. Fac. Sci. Univ. Toulouse, **III** (1925),

17

[9] Brelot, M., *La théorie moderne du potential,* Ann. Inst. Fourier **4** (1952), 113-140.

[10] Carathéodory, C., *Untersuchungen über die konformen Abbildungen von festen und veränderlichen Gebieten,* Math. Ann. **52**:(1) (1912), 107-144.

[11] ——, *Über die Winkelderivierten von beschränken analytischen Funktionen,* Sitz. Ber. Preuss. Akad., Phys.-Math. **IV** (1929), 1-18.

[12] Carleman, T., *Sur les fonctions inverses des fonctions entières,* Ark. Mat. Astr. Fys. **15** (1921), 10.

[13] Carleson, L., *An Interpolation Problem for Bounded Analytic Functions,* Am. J. Math. **80**:(4) (1958), 921-930.

[14] Charzynski, Z. and Schiffer, M., *A New Proof of the Bieberbach Conjecture for the Fourth Coefficient,* Arch. Rat. Mech. Anal. **5** (1960), 187-193.

[15] Courant, R., *Dirichlet's Principle, Conformal Mapping, and Minimal Surfaces,* With an appendix by M. Schiffer. Interscience, New York, 1950.

[16] Curtiss, J., *Faber Polynomials and the Faber Series,* Am. Math. Mon. **78**: (6) (1971), 577-596.

[17] Denjoy, A., *Sur une classe de fonctions analytiques,* C.R. **188** (1929), 140-142; 1084-1086.

[18] Douglas, J., *Solution of the Problem of Plateu,* Tans. Am. Math. Soc. **33** (1931), 263-321.

[19] Fekete, M., *Über den tranfiniten Durchmesser ebener Punktmengen I-III,* Math. Z., **32** (1930), 108-114, 215-221; **37** (1933), 635-646.

[20] Frostman, O., *Potentiel d'équilibre et capacité des ensembles,* Medd. Lunds Mat. Sem. **3** (1935), 1-115.

[21] Garabedian, P. and Schiffer, M., *A Proof of the Bieberbach Conjecture for the fourth Coefficient,* J. Rat. Mech. Anal. **4** (1955), 427-465.

[22] Golusin, G. M., *Geometrische Funktionentheorie,* Deutscher Verlag,

Berlin, 1957.

[23] Gronwall, T. H., *Some remarks on Conformal Representation,* Ann. Math. **16** (1914-45), 72-76.

[24] Grötzsch, H., Eleven papers in Ber. Verh. Sächs. Akad. Wiss. Leipzig, Math. Phys. (1928-32).

[25] Grunsky, H., *Koeffizientenbedingungen für schlicht abbildende meromorphe Funktionen,* Math. Z. **45** (1939), 29-61.

[26] Hardy, G. H., and Littlewood, J. E., *A Maximal Theorem with Function-Theoretic Applications,* Acta Math. **54** (1930), 81-116.

[27] Hayman, W. K., *Multivalent Functions,* Cambridge Tracts, **48** Cambridge University Press, 1958.

[28] Heins, M., *Selected Topics in the Classical Theory of Functions of a Complex Variable,* Holt, Rinehart and Winston, New York, 1962.

[29] ——, *On a Problem of Walsh concerning the Hadamard Three Circles Theorem,* Trans. Am. Math. Soc. **55** : (1) (1944), 349-372.

[30] ——, *The problem of Milloux for Functions Analytic throughout the Interior of the Unit Circle,* Am. J. Math. **57**: (2) (1945), 212-234.

[31] ——, *The Conformal Mapping of Simply Connected Riemann Surfaces,* Ann. Math. **50** (1949), 686-690.

[32] Jenkins, J., *On Explicit Bounds in Schottky's Theorem,* Can. J. Math. **7** (1955), 80-99.

[33] ——, *Some Area Theorems and a Special Coefficient Theorem,* Ill. J. Math. **8** (1964), 80-99.

[34] Landau, E., *Der Picard-Schottkysche Satz und die Blochsche Konstante,* Sitz. Ber. Preuss. Akad., Phys-Math. (1926)

[35] Landau, E. and Valiron, G., *A Deduction from Schwarz's Lemma,* J. London Math. Soc. **S-1-4** no. 3 (1929), 162-163.

[36] Löwner, K., *Untersuchungen über schlichte konforme Abbildungen des Einheitskreises I,* Math. Ann. **89** (1923), 103-121.

[37] Marty, F., *Sur les modules des coefficients de MacLaurin d'une fonc-*

tion univalente, C.R. **198** (1934), 1569-1571.

[38] Milloux, H., *Sur le théorème de Picard,* Bull. Soc. Math. Fr. **B53** (1925), 181-207.

[39] Myrberg, P. J., *Über die Existenz der Greenschen Funktionen auf einer gegebenen Riemannshce Fläche,* Acta Math. **61** (1933), 39-79.

[40] Neumann, C., *Théorie der Abelschen Integrale,* Teubner, Leibzig, 1884.

[41] Nevanlinna, R. and Nevanlinna, F., *Über die Eigenschaften einer analytischen Funktion in der Umgebung einer singulären Stelle oder Linie,* Acta Soc. Sci. Fenn. **50** 5 (1922), 1-46.

[42] Nevanlinna, R., *Über beschränkte Funktionen die in gegebenen Punkten-vorgeschrieben Werte annehmen,* Ann. Acad. Sci. Fenn. **13** No. 1 (1919), 1-71.

[43] ——, *Über beschränkte analytische Funktionen,* Ann. Acad. Sci. Fenn. **232** No. 7 (1929), 1-75.

[44] ——, *Über eine Minimumaufgabe in der Theorie der konformen Abbildung,* Göttinger Nachr. **I.37** (1933), 103-115.

[45] ——, *Das harmonische Mass von Punktmengen und seine Anwendung in der Funktionentheorie,* 8th Scand. Math. Congr., Stockholm (1934)

[46] ——, *Eindeutige analytische Funktionen,* Springer, Berlin, 1936.

[47] ——, *Über die schlichten Abbildungen des Einheitskreises,* Övers. Finska Vetensk.-Soc. Förh. **62A** 6 (1919-1920).

[48] Ohtsuka, M., *Dirichlet Problem, Extremal Length and Prime Ends,* Van Nostrand, New York, 1970.

[49] Ostrowski, A., *Über allgemeine Konvergenzsätze der komplexen Funktionentheorie,* Jaresber. Deutsche Math.-Ver. **32** (1923), 185-194.

[50] Pick, G., *Über eine Eigenschaft der konformen Abbildung kreisförmiger Bereiche,* Math. Ann. **77** (1915)1-6.

[51] ——, *Über die Beshcränkungen analytischer Funktionen, welche durche vorgeschriebene Werte bewirkt werden,* Math. Ann. **77** (1915),7-23.

[52] Polya, G. and Szegö, G., *Über den transfiniten Durchmesser (Ka-*

pazitätskonstante) von ebenen und räumlichen Punktmengen, J. Reine Angew. Math. **165** (1931), 4-49.

[53] Pommerenke, Ch., *Über die Faberschen Polynome schlichter Funktionen,* Math. Z. **85** (1964), 197-208.

[54] ——, *On the Grunsky Inequalities for Univalent Functions,* Arch. Rat. Mech. Anal. **35:** (39 (1969), 234-244.

[55] Radó, T., *Über den Begriff der Riemannschen Fläche,* Acta Szeged **2** (1925), 101-121.

[56] Schaeffer, A. C. and Spencer, D. C., *Coefficient Regions for Schlicht Functions,* A. M. C. Colloq. Publ. **35** (1950)

[57] Schiffer, M., *A Method of Variation within the Family of Simple Functions,* Proc. London Math. Soc. **2** : (44) (1938), 450-452.

[58] Schlesinger, E., *Conformal Invariants and Prime Ends,* Am. J. Math. **80** (1958), 83-102.

[59] Schwarz, H. A., *Gesammelte Abhandlungen,* Vol. II, Springer, Berlin, 1890.

[60] Springer, G., *Introduction to Riemann Surfaces,* Addison-Wesley, Reading, Mass. 1957.

[61] Szegö, G., *Bemerkungen zu einer Arbeit von Herrn M. Fekete,* Math. Z. **21** (1924), 203-208.

[62] Teichmüller, O., *Eine Verschärfung des Dreikreisesatzes,* Deutsche Math. **4**:(1) (1939), 16-22.

[63] ——, *Extremale quasikonforme Abbildungen und quadratische Differentiale,* Abh. Preuss. Akad. Wiss. Math.-Nat. **22** (1939), 1-197.

[64] ——, *Über Extremalprobleme der konformen Geometrie,* Deutsche Math. **6** (1941), 50-77.

[65] ——, *Untersuchungen über konformen und quasikonforme Abbildungen,* Deutsche Math. **3** (1938), 621-678.

[66] Weyl, H., *Die Idee der Riemannschen Fläche,* 1st ed., Teubner, Berlin, 1913; 2nd ed., 1923; 3d ed., Stuttgart, 1955.

訳者あとがき

　この本は Lars Valerian Ahlfors（1907-1996）著の"Conformal invariants: topics in geometric function theory" の翻訳である。原書は双書"McGraw-Hill series in higher mathematics" の一巻として 1973 年にニューヨーク市の McGraw-Hill 社から出版されたものであるが、訳出にあたってはアメリカ数学会による 2010 年のリプリント版の正誤表も参考にした。ただし式 (3.10) 内の符号の誤りをその直前の式に合わせて直したことと、"(4-26) should read (4-24)" に従わずに式番号を (4.24) ではなく (4.25) に直したこと、およびグリーン関数の定義における符号と不等式の修正は、訳者の責任において行ったことである。原著の本文は平易で飾らない表現で厳密に記されているので、直訳しても著者の意図は十分に伝わると思われたのだが、正確を期するために所々意訳した。そのためしばしば文章が長くなった。まれに短くなった所もあるが、当然のことながら内容を省いたのではないつもりである。Bieberbach 予想の解決など、本文に含めにくい注釈は脚注として加えた。

　アールフォルスと言えば、本書を手に取られた方の多くはすでに定評のある名著『複素解析』（笠原乾吉訳　現代数学社 1982）に親しんでおられるのではなかろうか。その第 2 版が原文では C.A. の名で引用されているのだが、ここでは第 3 版を文献表に含め、番号で引用した。笠原氏はこの第 3 版を訳されたのだが、その『訳者あとがき』には初版の出版直後（1953 年）にそれを講義で聴講して新鮮さに打たれた旨が記されている。実は訳者は 1972 年に第 2 版を見てたちまちアールフォルスのファンになり、そのこともあって 1975 年に楠幸男先生のセミナーでしばらく C.A. の続編ともいうべき本書の講読に参加した。そのとき第 1 章を読んで、いきなり研究の最前線に引き込まれるような心地がした。このような感銘はおそらく笠原氏のものと同種であろう。第 2 章以

降に関しては訳者の怠慢のせいもあってその後ずっと精読する機会がなかった
のだが、このたび全体を翻訳する機会に恵まれ積年の恨みをやや晴らせたこと
は、まことに幸いであった。で、その感想であるが、第2章の容量については特
別な感心を持って読んだ。というのも、最近の多変数複素解析の一つの展開が
これに関連するものだったからである。この重要な等角不変量についてはカー
ルソン（L.Carleson）の名著 "Selected Problems on Exceptional Sets, 1967"
があり、これとサリオ（L.Sario）・及川廣太郎の "Capacity functions, 1969"
で提起された問題を受けて吹田信之（Arch. Rational Mech. Anal.1972）に
より定式化された予想（吹田予想）があった。これは長年の間未解決であっ
たが、近年ブウォツキー（Z.Błocki, Invent. Math. 2013）と関啓安・周向宇
（Q.-A.Guan, X.-Y.Zhou, Ann. of Math. 2015）により解決された。その手
法は多変数複素解析の中で培われた L^2 評価の方法によるものだった。第3章
以降を読み進むにつれ、忍耐を要する部分がないわけではなかったものの、総
じて明快な叙述に改めて感銘を受けた。特に見事だと思ったのはレウナー理論
の解説（第6章）である。これはビーベルバッハ予想の部分的解決だが、ドブ
ランジュ（L.de Branges）による完全解決（Acta Math. 1985）はこの線に沿う
ものであった。その解説を付録にしたかったのだが、版権による規制のため実
現しなかったのはやや残念であった。ただ、原稿が日の目を見ることはなかっ
たものの、その準備中にヘイマン（W.Hayman）先生にお会いすることがで
き、アールフォルス先生や大津賀信先生との貴重な思い出話とともに、ドブラ
ンジュの定理の「最も簡単な証明」が書かれた御著書 "Multivalent functions,
2nd edition 1995" を教えて頂けたことは幸運であった。先生が2020年1月
1日に他界されたことは残念至極であるが、その前に吹田予想の解決について
お伝えできたことはよかったと思う。最後に、本書の出版を勧めて下さり翻訳
許可や図版の収録でもお世話頂いた現代数学社の富田淳氏には、この場を借り
て深く感謝したい。

索引

事項索引

人名索引

訳者紹介：

大沢健夫 (おおさわ・たけお)

1978 年　京都大学理学研究科博士課程前期修了
1981 年　理学博士
1978 年より 1991 年まで　京都大学数理解析研究所助手，講師，助教授をへて 1991 年より 1996 年まで名古屋大学理学部教授
1996 年から名古屋大学多元数理科学研究科教授
2017 年退職，名古屋大学名誉教授

専門分野は多変数複素解析

著　書：『多変数複素解析 (増補版)』(岩波書店)
　　　　『複素解析幾何と $\bar{\partial}$ 方程式』(培風館)
　　　　『寄り道の多い数学』(岩波書店)
　　　　『大数学者の数学・岡潔　多変数関数論の建設』(現代数学社)
　　　　『現代複素解析への道標　レジェンドたちの射程』(現代数学社)

等角不変量
——幾何学的関数論の話題

2020 年 7 月 22 日　　　初版 1 刷発行

著　者　　L.V. アールフォルス
訳　者　　大沢健夫
発行者　　富田　淳
発行所　　株式会社　現代数学社
　　　　　〒 606-8425 京都市左京区鹿ヶ谷西寺ノ前町 1
　　　　　TEL 075 (751) 0727　FAX 075 (744) 0906
　　　　　https://www.gensu.co.jp/

装　幀　　中西真一 (株式会社 CANVAS)
ISBN 978-4-7687-0537-7　　印刷・製本　　亜細亜印刷株式会社